# Neues verkehrswissenschaftliches Journal

**Ausgabe 28**

# Abschlussbericht

## DFG-Verbundprojekt

## Anforderungsgerechte Trassenstrukturen und deren Belegung im Netz von Schienenbahnen

## ATRANS

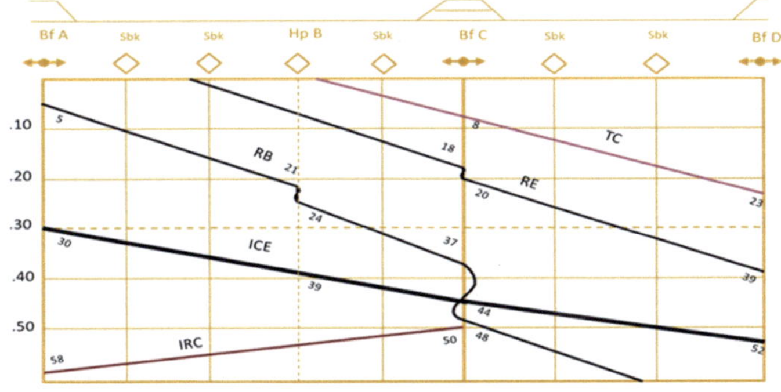




Prof. Dr.-Ing. Ullrich Martin

Prof. Dr. rer. nat. habil. Karl Nachtigall

Dr.-Ing. Xiaojun Li

Dr.-Ing. Andreas Heppe


September 2019

Die Hauptautoren wurden bei der Erstellung dieses Berichts von Herrn Jonas Prade unterstützt.

Titelbild: Autoren

Herstellung und Verlag: BoD – Books on Demand, Norderstedt

Printed in Germany

ISBN 978-3-7504-1265-1

# Vorwort

Das deutsche Schienennetz bildet die Schnittstelle zwischen West- und Osteuropa, sowie zwischen Nord- und Südeuropa. So verwundert es nicht, dass Deutschland Anteil an fünf Korridoren der Transeuropäischen Netze der EU hat. Darüber hinaus bildet das Schienennetz das Rückgrat der Produktion deutscher Industrieunternehmen und sichert täglich die Mobilität von Millionen Menschen. Jedes Jahr werden auf diesem Netz mit Zügen über Milliarde Zugkilometer zurückgelegt. Jeder dieser Züge benötigt einen mehr als minutengenauen, detailliert abgestimmten Fahrplan und muss jeweils abschnittsweise lückenlos über den gesamten Zuglauf durch Fahrdienstleiter betreut werden. Dies wird auch heute noch oftmals sowohl planerisch als auch technisch mit Mitteln bewältigt, die vor über 100 Jahren entwickelt wurden.

Aus den Erfahrungen der letzten Jahre kann der Verkehrsanstieg nicht allein durch extensiven Infrastrukturausbau bewältigt werden. Die Demonstrationen gegen große Infrastrukturmaßnahmen der letzten Jahre zeigen, dass die Akzeptanz der Bürger für derartige Bauvorhaben im flächig besiedelten Deutschland mit seiner ausgesprochen hohen Bevölkerungsdichte eher sinkt.

Aus diesem Grund müssen neue intelligente eisenbahnbetriebswissenschaftliche Lösungen gefunden werden, um das bestehende Netz optimal auszunutzen. Die in diesem Bereich fachlich ausgewiesenen eisenbahnwissenschaftlichen Lehrstühle der Universität Stuttgart, der TU Darmstadt und der TU Dresden haben sich hierfür zum DFG-Verbundprojekt ATRANS (Anforderungsgerechte Trassenstrukturen und deren Belegung im Netz von Schienenbahnen) zusammengefunden, um unter synergetischer Nutzung der einzelnen Kompetenzen eine ganzheitliche eisenbahnbetriebswissenschaftliche Lösung zur Algorithmierung einer anforderungsgerechten Fahrplankonstruktion zu entwickeln, die eine signifikante Effizienzsteigerung bei der Infrastrukturnutzung ermöglicht, ohne dabei die Betriebsqualität einzuschränken. Die universitätsübergreifende Zusammenarbeit dieser Lehrstühle mit ihren individuellen Stärken ermöglichten die Erarbeitung einer wissenschaftlich anspruchsvollen innovativen Lösung für eine effizientere Infrastrukturnutzung, die auch den objektiven Druck auf einen extensiven Infrastrukturneubau dämpft.

Stuttgart, April 2019

Ullrich Martin und Karl Nachtigall

# Inhaltsverzeichnis

# Abbildungsverzeichnis

# Tabellenverzeichnis

# Kurzfassung

Sowohl in der Politik und als auch in der Bevölkerung besteht ein weitgehender Konsens darüber, dass die auch künftig noch anwachsenden Verkehre verstärkt auf die Eisenbahn verlagert werden sollen, um den negativen Wirkungen des Straßenverkehrs und der Überlastung des Straßennetzes entgegenzuwirken. Allerdings stehen in den für den Infrastrukturausbau des Eisenbahnnetzes verantwortlichen öffentlichen Bereichen nur äußerst beschränkte finanzielle Mittel zur Verfügung, und ein extensiver Infrastrukturausbau stößt aufgrund der Siedlungsstruktur in Deutschland zunehmend an Grenzen. Dementsprechend kann die effiziente Nutzung von Eisenbahninfrastrukturen einen wichtigen Beitrag zur zukunftsgerechten Verkehrssystemgestaltung leisten. Das Ziel des DFG-Projektes „Anforderungsgerechte Trassenstrukturen und deren Belegung im Netz von Schienenbahnen (ATRANS)" ist die Entwicklung allgemeingültiger Algorithmen für einen optimierten anforderungsgerechten Fahrplan mit effizienter Infrastrukturnutzung. Dabei werden unter Berücksichtigung einer definierten Betriebsqualität flexible Reserven in der bestehenden Infra- bzw. Fahrplanstruktur ohne infrastrukturelle Maßnahmen erschlossen. Das DFG-Verbundprojekt gliedert sich in 3 Teilprojekte, die von der Universität Stuttgart (ATRANS 1), der Technischen Universität Dresden (ATRANS 2.1) und der Technischen Universität Darmstadt (ATRANS 2.2) in enger kontinuierlicher Abstimmung bearbeitet wurden. In der vorliegenden Arbeit werden insbesondere die Forschungsergebnisse der Teilprojekte ATRANS 1 und ATRANS 2.1 im Kontext des gesamten Verbundprojektes detailliert vorgestellt. Wo es für das Verständnis notwendig erscheint, wird auf das Teilprojekt ATRANS 2.2 verwiesen, zu dem eine gesonderte Veröffentlichung von der Technischen Universität Darmstadt geplant ist.

# Abstract

There is a broad consensus among both politicians and the general public that traffic, which will continue to grow in the future, should be increasingly shifted to the railways in order to counteract the negative effects of road traffic and congestion on the road networks. However, there are only very limited financial resources available to the public departments responsible for railway infrastructure development, and an extensive expansion of the railway infrastructure is also becoming increasingly more difficult due to the settlement structure in Germany that is almost at its limits. Therefore, rail infrastructure must be used more efficiently in order to make an important contribution to future-oriented, transportation system planning. The goal of the DFG project "Requirement-Based Route Structures and their Allocation in Railway Networks (ATRANS)" is the development of universal algorithms that can be used to create optimized and requirement-based timetables and efficiently use the railway infrastructure. By implementing these algorithms and by taking into account a defined operational quality, it is possible to create flexible reserves in the timetable structure and existing infrastructure without carrying out infrastructural measures. This DFG project is divided into 3 subprojects, which were jointly worked on in close cooperation by the University of Stuttgart (ATRANS 1), the Technische Universität Dresden (ATRANS 2.1), and the Technische Universität Darmstadt (ATRANS 2.2). The work presented in this book mainly focuses on the research results of the ATRANS 1 and ATRANS 2.1 subprojects in the context of the entire collaborative project. However, in order to improve the understanding of the project as a whole, references to the subproject ATRANS 2.2, which will be published separately by the Technische Universität Darmstadt, are made when necessary.

# 1 Ausgangslage und Zielsetzung

## 1.1 Problemstellung

Für die Nutzung der Eisenbahninfrastruktur beantragen und bezahlen die Eisenbahnverkehrsunternehmen ein zeitlich und räumlich begrenztes Nutzungsrecht je Zugfahrt, das als „Trasse" bezeichnet wird. Dieses Nutzungsrecht kann sowohl für einen einzelnen Tag als auch für eine gesamte Fahrplanperiode zur immer gleichen Uhrzeit oder für ausgewählte Tage eines frei wählbaren Zeitraums innerhalb eines Jahres zur immer gleichen Uhrzeit erworben werden.

Mathematisch-wissenschaftliche Methoden und modernste Rechentechnik ermöglichen es inzwischen, die historisch gewachsenen Strukturen des Trassenmanagements auf eine neue Qualitätsstufe zu heben. Beginnend von der Bemessung von Zeitreserven für einzelne Trassen und zwischen den Trassen über die Gestaltung bzw. die Struktur des Trassengefüges bis hin zur Umlegung der Nachfrage auf das Angebot von Trassen einschließlich der Qualitätskontrolle eines so entstehenden Fahrplans kann nur eine ganzheitliche eisenbahn-betriebswissenschaftliche Betrachtung des Trassenmanagementprozesses langfristig zielführend sein.

Auch heute noch ist dieser Prozess in vielen Teilen auf menschliche Entscheidungen angewiesen, die nie vollkommen wertfrei sein können. Durch eine wissenschaftlich fundierte objektivierte Algorithmierung wird es jedoch möglich, die bislang vorrangig empirisch gestützte Vorgehensweise effizienter und flexibler zu gestalten. Darüber hinaus wird mit einem derartigen objektivierten Ansatz auch die gesetzlich geforderte Diskriminierungsfreiheit der gegenwärtig mehr als 400 in Deutschland aktiven Eisenbahnverkehrsunternehmen berücksichtigt.

## 1.2 Zielsetzung

Das wesentliche wissenschaftliche Ziel des DFG-Verbundprojektes besteht darin, allgemeingültige Algorithmen für einen optimierten anforderungsgerechten Fahrplan mit effizienter Infrastrukturnutzung für den Trassenmanagementprozess zu entwickeln, der unter Berücksichtigung einer definierten Betriebsqualität flexibel Reserven in der bestehenden Infrastruktur erschließt. Um das Ziel zu erreichen, sind zwei Teilziele zu realisieren (Li et al. 2017): Zum einen sind Verfahren zur kapazitätsoptimalen Konstruktion von Systemtrassen für einzelne Streckenabschnitte unter Berücksichtigung der betrieblichen Stabilität notwendig; zum anderen sind Algorithmen zur anschließenden nutzen- und qualitätsoptimalen Belegung dieser Systemtrassen durch konkrete Zugnachfragen zu entwickeln.

Das DFG-Verbundprojekt gliedert sich in 3 Teilprojekte, die von der Universität Stuttgart (ATRANS 1), der Technischen Universität Dresden (ATRANS 2.1) und der Technischen Universität Darmstadt (ATRANS 2.2) gemeinsam bearbeitet werden (Streizig et al. 2016).

Für die Berechnung von Fahrplänen wurden bis zum diesem Projekt noch nur pauschale und konstante Zeitreserven (Pufferzeiten und Zeitzuschlägen) eingefügt (vgl. (Liebchen 2006; Opitz 2009; Oetting 2010; Gröger 2007)) mit denen eine gewisse betriebliche Stabilität sichergestellt werden soll. Dabei werden jedoch weder die Wechselwirkungen innerhalb größerer Trassenbündel noch die spezifischen strukturellen Eigenschaften verschiedener Eisenbahnstrecken berücksichtigt. Diese Lücke soll im Teilprojekt ATRANS 1 geschlossen werden, indem die Zusammenhänge zwischen den Zeitreserven und den Auswirkungen auf die Betriebsqualität erforscht werden. Dadurch können in der Fahrplankonstruktion und -optimierung unter Beachtung der Betriebsqualität zusätzliche Leistungsreserven erschlossen werden.

Anschließend sind die konkreten Wünsche für Zugfahrten im Güterverkehr den Teilsystemtrassen optimal zuzuordnen. Dabei sind zwei grundsätzliche Ansätze möglich: Einerseits kann die Trassenbelegung als lineares Programm optimal gelöst werden (vgl. (Nachtigall und Opitz 2013)). Dies ermöglicht die optimale Belegung unter Einbeziehung einer einfachen Qualitätsbewertung, erfordert jedoch bereits konfliktfreie Systemtrassen. Andererseits ist auch eine heuristische Zuordnung der Nachfrage möglich, welche in ATRANS 2.2 untersucht wird. Dieses heuristische Verfahren soll auch die Verarbeitung noch konfliktbehafteter Systemtrassen ermöglichen und somit die Kapazität des Netzes steigern und die Flexibilität in einem gesamthaften Planungsprozess für den Schienengüterverkehr erhöhen.

Im Teilprojekt ATRANS 2.1 wird schließlich eine Bewertungssystematik für Systemtrassenbelegungen erforscht, welche die umfangreichen Anforderungen des netzweiten Schienengüterverkehrs wie Qualität, Stabilität und Diskriminierungsfreiheit in quantifizierbare Bewertungsgrößen überträgt. Dadurch wird die Berücksichtigung dieser bislang häufig unberücksichtigten Kriterien in der Weiterentwicklung und Anwendung von Trassenbelegungsalgorithmen ermöglicht.

## 1.3   Methodik

In Abbildung 1-1 wird die Methodik zur Optimierung eines Eingangsfahrplans (vorhandenes Trassengefüge) mit effizienter Trassenbelegung dargestellt (Li et al. 2017).

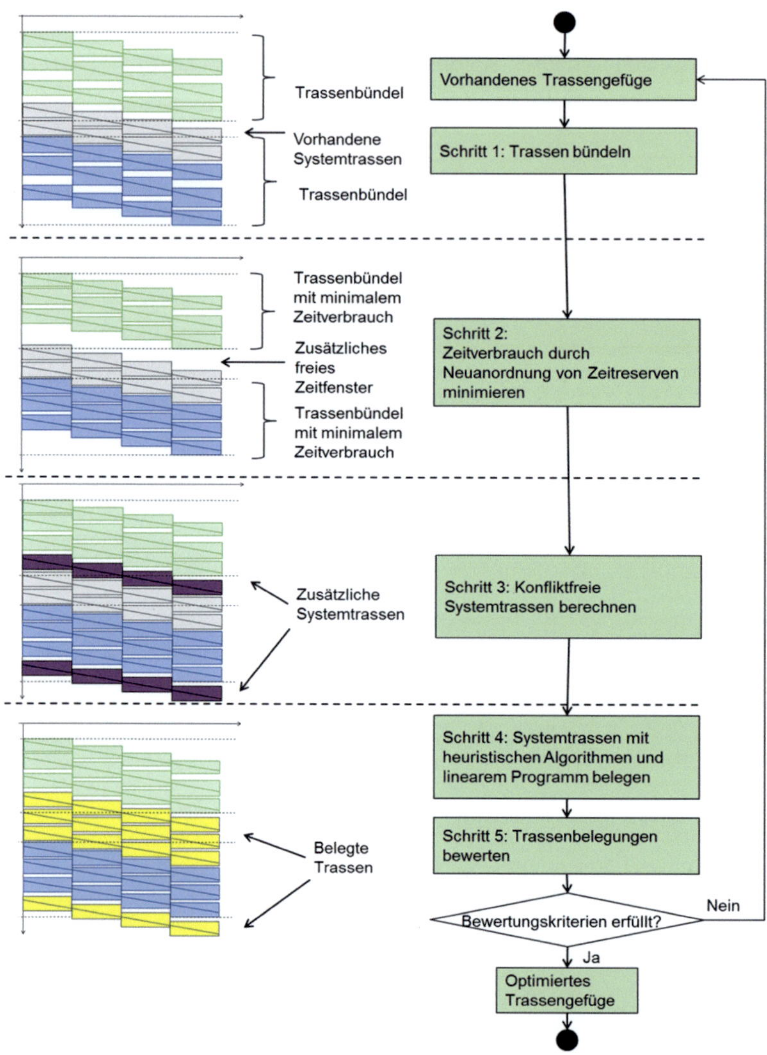


**Abbildung 1-1:** **Überblick über die Methodik zur effizienten Trassenbelegung (Quelle: (Li und Martin 2018; Li et al. 2017; Streizig et al. 2016))**

Im ersten Schritt werden die Zugfahrten im vorgegebenen Betriebsprogramm in Abhängigkeit von deren gegenseitiger Beeinflussungswahrscheinlichkeit aus Kenntnissen von (Martin und Chu 2014; Cui et al. 2014; Schmidt 2009) zu geeigneten Trassenbündeln zusammengefasst. Anschließend wird im Schritt 2 der minimale gesamte Zeitverbrauch für die gebildeten Trassenbündel unter Beibehaltung der gewünschten Betriebsqualität berechnet, indem die Zeitreserven (Pufferzeiten + Zeitzuschläge) neu angeordnet werden. In der weiteren Betrachtung wird die Pufferzeit auf die Zugfolgepufferzeit beschränkt. Ein wesentliches Ziel im Schritt 2 besteht darin, zusätzliche freie Zeitfenster für zusätzliche Trassen zu gewinnen (siehe Kapitel 1).

Die aus Schritt 2 gewonnenen Zeitfenster können jedoch nicht direkt zum Einfügen weiterer zusätzlicher Trassen genutzt werden, weil die entstandenen einzelnen Zeitfenster an unterschiedlichen Stellen der Infrastruktur nur selten so groß sind, dass eine neue Trasse im gesamten Fahrtverlauf eingefügt werden kann. Eine Nutzung der gewonnenen Reserven kann aber im Schritt 3 durch eine Anpassung der zeitlichen Lage der einzelnen Trassen im Trassengefüge erfolgen. Für diesen Schritt wird auf das Programmsystem TAKT des Lehrstuhls für Verkehrsströmungslehre an der TU Dresden (vgl. (Nachtigall 1998)) zurückgegriffen (siehe Kapitel 3).

Die berechneten Systemtrassen aus dem Schritt 3 werden für konkrete Nachfragen (Trassenanmeldungen) belegt werden. Dabei werden ein heuristischer Ansatz zur Trassenbelegung mit frühzeitiger Engpassauflösung und Konfliktlösungsbewertung sowie ein lineares Programm OpSysTra (Nachtigall et al. 2014; Nachtigall und Opitz 2014) eingesetzt.

Die Planstabilität und Robustheit der aus dem Schritt 4 generierten Trassenbelegungen werden mit einer Sensitivitätsanalyse bewertet. Einerseits wird die Variation der rechten Seite im linearen Programm, also der Kapazität der Restriktionen, zur optimalen Trassenbelegung betrachtet und andererseits wird die Trassenbelegung unter Berücksichtigung stochastischer Nachfrage simuliert. Sind die Bewertungskriterien erfüllt, wird ein optimiertes Trassengefüge als Ergebnis erzeugt, anderenfalls wird ein weiterer Iterationsschritt durchgeführt.

In Kapitel 1 werden die Forschungsergebnisse des Teilprojekts ATRANS 1, in Kapitel 3 des Teilprojekts ATRANS 2.1 und in Kapitel 4 des Teilprojekts ATRANS 2.2 vorgestellt.

# 2 Anforderungsgerechte Systematik zur Gestaltung von Zeitreserven im Bahnbetrieb (ATRANS 1)

## 2.1 Einleitung zum Teilprojekt ATRANS 1

Das Ziel des Teilprojekts ATRANS 1 war es, zusätzliche Leistungsreserven auf vorhandenen Eisenbahninfrastrukturen durch die effiziente Gestaltung von Zeitreserven (Zeitzuschläge und Pufferzeiten) während der Fahrplankonstruktion zu gewinnen, ohne dabei die definierte Betriebsqualität zu verringern. Das Teilprojekt gliedert sich in die sieben in Abbildung 2-1 dargestellten, aufeinander aufbauenden Arbeitsprogramme.

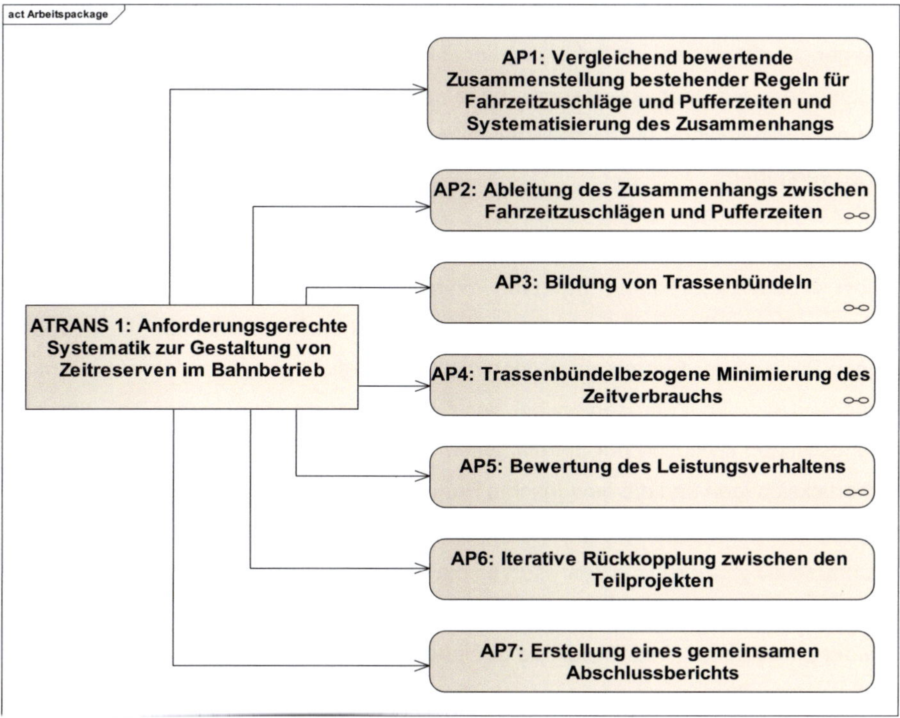


**Abbildung 2-1: Arbeitsprogramme des Teilprojekts ATRANS 1**

Zur Erreichung des oben beschriebenen Ziels wurden zunächst in AP1 die Abhängigkeiten zwischen Zeitzuschlägen, Pufferzeiten und Betriebsqualität quantitativ erfasst. Darüber hinaus wurde in AP2 eine Modellfunktion zur Beschreibung der Abhängigkeit der Zeitzuschläge und Pufferzeiten von der Betriebsqualität (Verspätungszuwachs) abgeleitet (siehe Abschnitt 2.3). Dazu wurden Trassenbündel identifiziert, deren Trassen untereinander eine starke zeitliche Abhängigkeit aufweisen (AP3 in Abschnitt 2.4). Für die Zugfahrten in den jeweils gebildeten Trassenbündeln ergibt sich der minimale gesamte Zeitverbrauch aus der Optimierungsaufgabe in Abschnitt 2.5 (AP4) , indem die Summe der Zeitzuschläge und Pufferzeiten beruhend auf dem bereits abgeleiteten funktionellen Zusammenhang in Abschnitt 2.3 minimiert wird. Die Einflüsse der neuen Anordnung von Zeitzuschlägen und Pufferzeiten auf das Leistungsverhalten und die Betriebsqualität wurden mit vorhandenen anerkannten Verfahren in Leistungsuntersuchungen bewertet und in Abschnitt 2.6 (AP5) beschrieben. Im Rahmen dieses Teilprojekts wurden insbesondere Fahrzeitzuschläge und Zugfolgepufferzeiten für die Entwicklung der Ansätze betrachtet, die andere Zeitreserven, wie Haltezeitzuschläge oder Übergangspufferzeiten, wurden entweder in Fahrzeitzuschläge und Zugfolgepufferzeiten umgewandelt oder von diesen abgedeckt. In diesem Forschungsvorhaben sind deshalb Zeitzuschläge als Fahrzeitzuschläge und Pufferzeiten als Zugfolgepufferzeiten zu verstehen.

## 2.2 Zusammenwirken und Einflüsse von Zeitreserven im Eisenbahnbetrieb

Selbst wenn ein konfliktfreier Fahrplan vorliegt, unterliegen im realen Bahnbetrieb die einzelnen Zugfahrten unterschiedlichen stochastischen Störeinflüssen, die im vorlaufenden Prozess der Fahrplanerstellung nicht berücksichtigt werden können. Dementsprechend werden Zeitreserven bei der Fahrplankonstruktion eingeführt, um diese stochastischen Einflüsse auf die einzelnen Zugfahrten bereits in der Planungsphase zu berücksichtigen und die gewünschte Pünktlichkeit zu ermöglichen. Diese Zeitreserven sind einerseits notwendig, um einen pünktlichen Betriebsablauf zu ermöglichen. Andererseits reduzieren die Zeitreserven die Kapazität der Infrastruktur, da sie zu einer Verlängerung der planmäßigen Beförderungszeit führen, wodurch die Leistungsfähigkeit der Infrastruktur sinkt. Durch die geeignete systematische Anordnung von Zeitzuschlägen und Pufferzeiten lassen sich Kapazitätsreserven unter einzuhaltender Betriebsqualität erschließen, oder/und die Betriebsqualität kann bei unveränderter Kapazität verbessert werden.

Unter Berücksichtigung der Zielstellungen des Teilprojektes ATRANS 1 werden die Zeitreserven hinsichtlich ihrer Verwendung und Auswirkung kategorisiert und analysiert. Die Analyse bezieht sich u.a. auf eine flexible situationsgerechte Gestaltung der

Zeitzuschläge sowie eine funktionale Verallgemeinerungsmöglichkeit. Aus diesen Erkenntnissen wurde der funktionale Zusammenhang zwischen den Zeitreserven unterschiedlichen Arten abgeleitet.

## 2.2.1 Kategorisierung von Zeitreserven im Fahrplan

Die Zeitanteile im Fahrplan können grundsätzlich unter Betrachtung einzelner Zugfahrten in Beförderungszeit und unter Betrachtung der Zeiten zwischen den Zugfahrten in Zugfolgezeit eingeteilt werden (Abbildung 2-2).

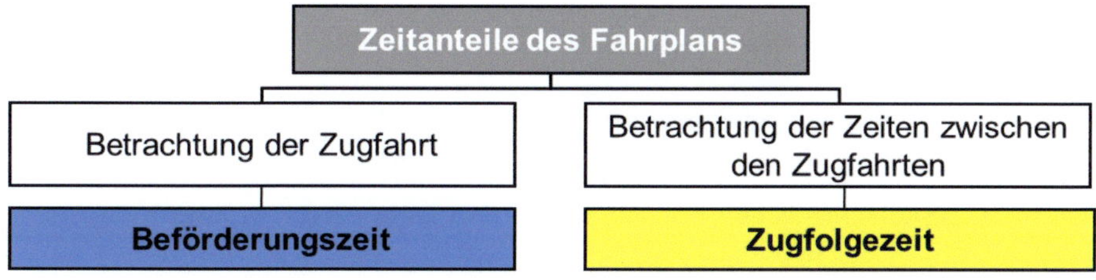


**Abbildung 2-2:  Überblick der Zeitanteile**

Die Beförderungszeit ergibt sich durch das Aneinanderreihen der einzelnen Fahr- und Haltezeiten im Verlauf des Fahrweges eines Zuges. Die Beförderungszeit ist somit stets zugbezogen.

Die Zugfolgezeit ergibt sich aus dem auf das Passieren eines Fahrzeitmesspunktes oder auf die Einfahrt in einen Streckenabschnitt bezogenen Zeitabstand zwischen zwei unmittelbar aufeinander folgenden Zügen. Die Zugfolgezeit ist somit stets infrastrukturbezogen (d.h. auf einen bestimmten Fahrzeitmesspunkt bezogen).

Für den Planungsprozess setzen sich die Zeitverbräuche im Fahrplan zusammen aus (Abbildung 2-3):

- Anteilen für das Fahren,
- das Halten gemäß dem Kundenwunsch, die Synchronisation mehrerer Vorgänge aus eisenbahnbetrieblichen Gründen sowie
- Anteilen für das planmäßige Warten aus eisenbahnbetrieblicher Sicht (bspw. durch technisch bedingte Abstimmungen zwischen Zugfahrten).

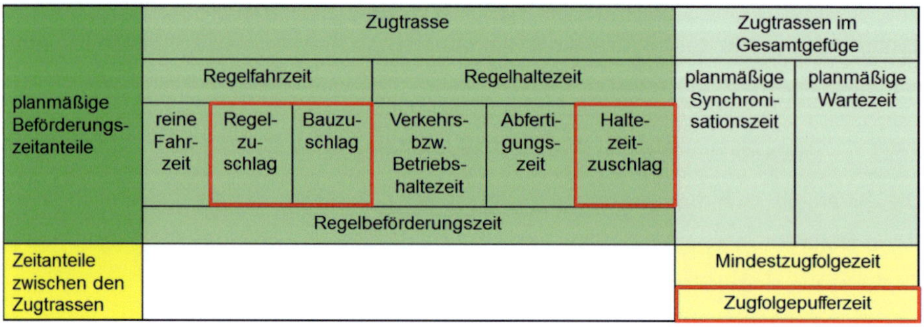

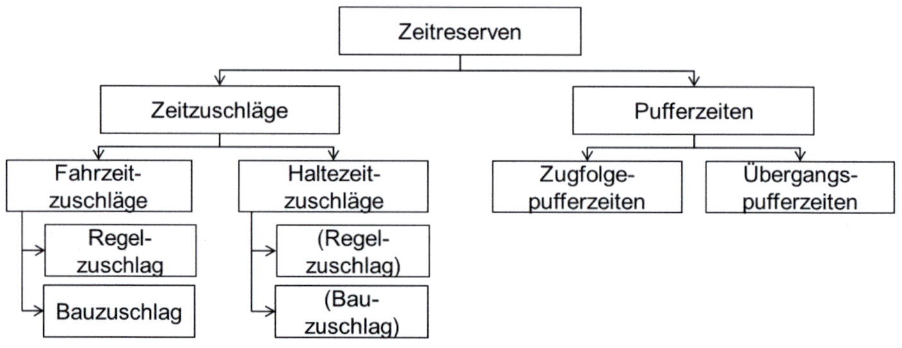

**Abbildung 2-3:   Zeitverbrauch im Planungsprozess**

Neben den betrieblich erforderlichen Zeitanteilen werden Zeitreserven bereits in der Planungsphase vorgesehen, um die gewünschte Betriebsqualität zu gewährleisten. Nach ihren unterschiedlichen Funktionen werden Zeitreserven in zwei Kategorien - Zeitzuschläge und Pufferzeiten – eingeteilt (siehe Abbildung 2-4).

**Abbildung 2-4:   Einteilung der Zeitreserven im Fahrplan**

## Zeitzuschläge – unter Betrachtung der einzelnen Zugfahrten

Im realen Betriebsablauf unterliegen die einzelnen Zugfahrten unterschiedlichen stochastischen Störeinflüssen, deren diskrete Berücksichtigung im vorlaufenden Prozess der Fahrplanerstellung praktisch nicht möglich sind. Um die Pünktlichkeit trotz Fahrplanabweichungen durch kleinere Unregelmäßigkeiten oder Störungen zu gewährleisten, werden bei der Fahrplankonstruktion zusätzlich zu den reinen Fahrzeiten sowie den Mindesthaltezeiten Zeitzuschläge berücksichtigt.

**Pufferzeiten – unter Betrachtung der Zeiten zwischen den Zugfahrten**

Mit der schnell zunehmenden Dichte des Zugverkehrs steigt auch die Wahrscheinlichkeit einer gegenseitigen Behinderung der einzelnen Zugfahrten deutlich an. Um die daraus resultierenden Verspätungsübertragungen von einer Zugfahrt auf andere Zugfahrten zu vermeiden oder zumindest zu dämpfen, werden Zugfolgepufferzeiten zwischen unmittelbar aufeinander folgenden Zugfahrten vorgesehen.

Bei den vorhandenen Ansätzen zur Fahrplankonstruktion sind empirische Mindestwerte für die Zeitreserven angegeben. Die Mindestwerte sind grundsätzlich einzuhalten, um die Fahrplanstabilität und eine geforderte Betriebsqualität zu sichern. Bei Abweichungen vom Fahrplan können mitunter auch die zunächst fahrplankonstruktionsbedingten Synchronisationszeiten und planmäßige Wartezeiten als Zeitreserven wirksam bzw. genutzt werden. Weitere Reserven entstehen im realen Betriebsablauf beim zulässigen Abweichen von der im Fahrplan vorgegebenen Zugbildung (z.B. kürzerer/leichterer Zug, stärkeres Triebfahrzeug usw.)

### 2.2.2    Wirkung und Anordnung von Zeitzuschlägen

**Fahrzeitzuschlag**

Der Fahrzeitzuschlag ist der in den Fahrplan eingearbeitete Zuschlag zur reinen Fahrzeit zum Ausgleich geringfügig auftretender Verspätungen. Dieser entspricht der Differenz von der Regelfahrzeit und der reinen technischen Fahrzeit. Im Falle des pünktlichen Betriebs kann dieser Zeitzuschlag für energiesparende Fahrweisen genutzt werden. Nach unterschiedlichen Anordnungen und Zwecken ist Fahrzeitzuschlag in zwei Arten zu unterscheiden:

- Regelzuschlag (DB Netz AG 2008): ein auf den Konstruktionsabschnitt gleichmäßig verteilter prozentualer Zeitzuschlag zur reinen Fahrzeit (siehe Abbildung 2-5 (a)). Er dient dem Ausgleich der sich täglich ändernden äußeren Einflüsse auf die Fahrzeit (Witterung, unterschiedliche Tfz-Leistung, Reaktion des Tfz-Führers). Bei den heutigen Verfahren zur Fahrplankonstruktion werden Standardwerte ((DB Netz AG 2008)) angegeben, die von den Eigenschaften der anzusetzenden Fahrzeuge (z.B. Anhängelast, Geschwindigkeit, usw.) abhängen.

In anderen Richtlinien z.B. UIC werden abweichende Standardwerte vorgeschrieben, ähnlich wie (DB Netz AG 2008) für die Bemessung dieser Werte sind lediglich die Fahrzeugeigenschaften maßgebend.

- Bauzuschlag ((DB Netz AG 2008)): ein auf Teilabschnitte (i.d.R., am Ende von Strecken) lokaler umgelegter Zeitzuschlag (siehe Abbildung 2-5 (b)). Er dient zum Ausgleich von Fahrzeitverlusten, die durch Maßnahmen zur Sicherung der Verfügbarkeit der Infrastruktur auftreten.

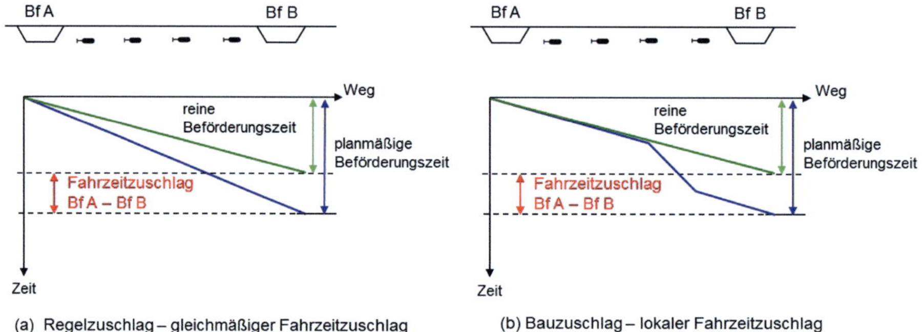


**Abbildung 2-5:   Zwei Arten der Fahrzeitzuschläge**

Die Pünktlichkeit nimmt i.d.R. mit der Höhe der Zeitzuschläge zu, allerdings erhöht sich auch die planmäßige Beförderungszeit, was dem anderen Ziel der Betriebsplanung (Schnelligkeit) zuwiderläuft. Das Ziel ist, das Zusammenspiel zwischen Pünktlichkeit und Schnelligkeit durch Anpassung von Anordnung und Dimensionierung der Zeitzuschläge zu optimieren. Die Fahrzeitzuschläge können angelegt werden, um die Homogenität zu erhöhen. Wenn ein schnellerer Zug aufgrund von Behinderungen vor einem Signal warten muss, erhöht sich der Energieverbrauch durch Bremsen und Anfahren. Bei einer solcher Situation könnte etwa die Fahrzeit dieses schnelleren Zuges verlängert werden.

### Haltezeitzuschläge

Der Haltezeitzuschlag ist die Differenz von Regelhaltezeit und Mindesthaltezeit (Verkehrs- bzw. Betriebshaltezeit und Abfertigungszeit). Bei der verspäteten Ankunft eines haltenden Zugs kann der Haltezeitzuschlag für den Verspätungsabbau genutzt werden, um eine pünktliche Abfahrt zu ermöglichen (Abbildung 2-6). Im Betrieb kann die realisierte oder tatsächliche Wartezeit kleiner sein als die planmäßige Wartezeit. Diese

Zeitdifferenz ist eine Reserve zur Verbesserung der erreichbaren Betriebsqualität. Bei verspätetem Fahrtverlauf kann der Zug ab Ende der realisierten Verkehrshaltezeit abgefertigt werden und durch die Nutzung dieser Zeitdifferenz Verspätungen abbauen. Bei abweichendem Fahrtverlauf des behindernden Zuges kann der mit Wartezeit geplante Zug die Wartezeit kürzen soweit dem kein Verkehrshalt entgegensteht und mit einem Vorsprung gegenüber der geplanten Zuglage abfahren.

Der Haltezeitzuschlag ermöglicht die pünktliche Abfahrt bei der verspäteten Ankunft. Nachteilig verlängert er beim Regelbetrieb die Gleisbelegungszeit im Bahnhof.

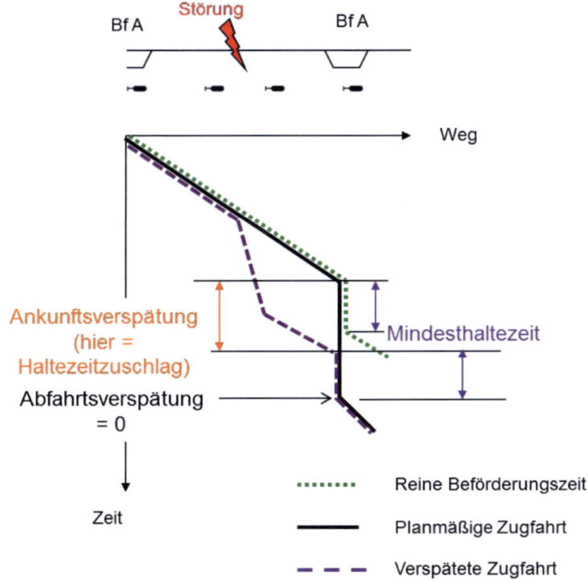


**Abbildung 2-6:  Wirkung der Haltezeitzuschläge**

Bei der Nutzung der Zeitzuschläge für den Abbau der Verspätung werden die Ist-Zeiten kontinuierlich mit den Soll-Zeiten verglichen. Solange die aktuellen Verspätungen vollständig abgebaut werden, wird der Soll-Fahrplan eingehalten, dadurch werden die über den Betrag der Verspätung hinausgehenden Zeitzuschläge nicht genutzt. Für die Bemessung der Zeitzuschläge sind daher die Erwartungswerte der Störungen und Behinderungen zwischen Zügen maßgebend. Sind die Störungen und Behinderungen größer als die Zeitzuschläge, können die vorhandenen Zeitzuschläge für den Verspätungsabbau vollständig genutzt werden.

## 2.2.3 Wirkung und Anordnung von Pufferzeiten

Die Pufferzeit ist der nicht belegter Zeitraum zwischen betrieblichen Vorgängen (DB Netz AG 2008). Es gibt grundsätzlich zwei Arten von Pufferzeit:

**Zugfolgepufferzeit**: Der nicht belegte Zeitraum an der engsten Stelle zwischen den Sperrzeitentreppen zweier einander folgender Züge bzw. kreuzender Züge.

**Übergangspufferzeit**: Die Differenz aus Übergangszeit und Mindestübergangszeit zwischen zwei Zugfahrten, zwischen denen ein Verkehrs- oder Betriebsübergang besteht.

Die Zugfolgepufferzeit bezieht sich auf den Infrastrukturabschnitt, der für die Mindestzugfolgezeit maßgebend ist.

**Wirkung von Zugfolgepufferzeiten:**

Die Zugfolgepufferzeit ermöglicht bei verspäteter Lage des vorausfahrenden Zuges die pünktliche oder weniger verspätete Fahrt des folgenden Zuges, dämpft also allgemein die Übertragung von Verspätungen. Als negative Wirkung verringert sich die Leistung, die in dem befahrenen Netzelement erbracht werden kann. Die Zugfolgepufferzeit kann auch eine planmäßige Wartezeit des folgenden Zuges verursachen, wenn deswegen seine Haltezeit oder Fahrzeit verlängert werden muss.

**Übergangspufferzeiten**

Die Übergangspufferzeit ist ein freier Zeitraum nach der Mindestübergangszeit zwischen zwei Zugtrassen (siehe Abbildung 2-7). Die Übergangszeit zwischen zwei Zugtrassen ist der Zeitraum zwischen dem Zeitpunkt des Stillstands des Zubringerzugs (hier Z1) und Ende der Verkehrs- bzw. Betriebshaltezeit des Abbringerzugs.

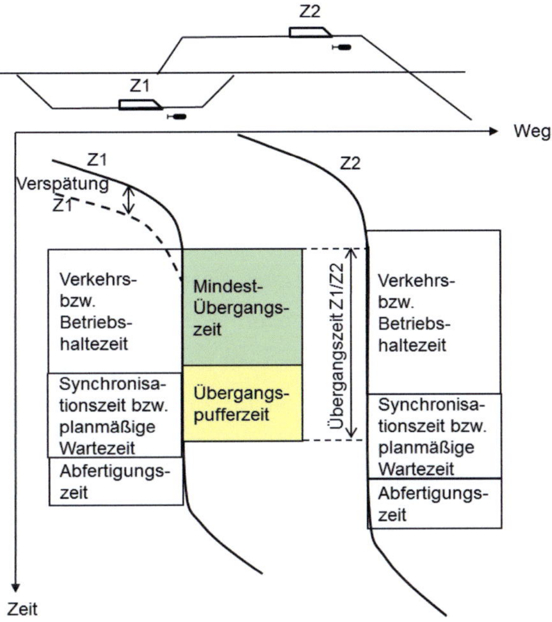


**Abbildung 2-7:  Übergangspufferzeit (Quelle: (DB Netz AG 2008))**

Die kundenorientierte Übergangszeit ist kein Zeitanteil der Beförderungszeit, beeinflusst aber die Bemessung der Synchronisationszeit in der planmäßigen Haltezeit. Die Mindestübergangszeit ergibt sich aus den Zeitverbräuchen für den anzusetzenden Weg (der entfernteste Weg von der Ausstiegstür des Zubringerzugs bis zu der Einstiegstür des Abbringerzugs), die Türöffnung sowie die Aus- und Einsteige.

Die Übergangspufferzeit dient der zeitlichen „Pufferung" des Überganges von Reisenden, Gütern, Fahrzeugen und Personal. Sie wird eingesetzt, um die Anschlusssicherung zu gewährleisten bzw. die Verspätung des Abbringerzugs aufgrund der Verspätung des Zubringerzugs zu vermeiden (oder zumindest zu minimieren). Die Übergangspufferzeit kann sich mit der Synchronisationszeit und planmäßigen Wartezeit uberlagern, deswegen ist die Nutzung der Übergangspufferzeiten bei Verspätungsfällen durch die Reduzierung von Haltezeitzuschlägen und Synchronisationszeiten wiedergespiegelt.

## 2.2.4 Vorhandene Regeln zur Bemessung und Anordnung von Zeitreserven

Bei der Fahrplankonstruktion werden heutzutage Zeitzuschläge und Pufferzeiten meistens empirisch angegeben. In (DB Netz AG 2008) und (DB Netz AG 2012) werden die Mindestzugfolgepufferzeiten je nach Zugfolgefall zwischen ein und drei Minuten empirisch angegeben, ohne die konkreten Zuglagen und –eigenschaften zu berücksichtigen. Neben Zugfolgepufferzeiten können auch für bestimmte Zeitscheiben (ein oder zwei Stunden) Puffertrassen gebildet werden. Fahrzeitzuschläge werden derzeit entweder in Abhängigkeit von Zugeigenschaften als Regelzuschläge zwischen 3% und 5% gleichmäßig für komplette Zugfahrten, oder lokal bzw. streckenbezogen als Bauzuschläge angeordnet. In (Siefer und Fangrat 2012) wurde die Wirkung der unterschiedlichen Anordnungen von lokalen und globalen Zeitzuschlägen unter Beibehaltung der ursprünglichen Summe untersucht, dabei wurde eine Grundlage für die Untersuchungen der differenzierten Anordnung von Zeitzuschlägen in der vorliegenden Arbeit geschaffen.

Die ausreichenden Pufferzeiten hat besondere hohe Priorität in ITF-Knoten zur Gewährleistung der Fahrplanstabilität (Pachl 2011). In ITF-Knoten als Verknüpfungspunkte mehrerer Linien kann die Einbruchsverspätung eines Zuges sich sowohl auf Züge der Gegenrichtung derselben Linie als auch auf Züge anderer Linien übertragen. Die Pufferzeiten können im ITF in Form der bereits genannten ITF-Synchronisationszeiten wiedergespiegelt werden. Falls aufgrund der beschränkten Knotenkapazität ausreichende Pufferzeiten in den Konten nicht realisierbar sind, besteht eine Alternative darin, auf den Strecken größere Fahrzeitzuschläge vorzusehen, um in den Knoten übertragene Folgeverspätungen wieder abbauen zu können (Pachl 2011).

## 2.2.5 Zusammenhängende Wirkungen von Zeitreserven

Obwohl Pufferzeiten und Zeitzuschläge unterschiedliche Funktionen bei der Fahrplankonstruktion besitzen, ergibt sich bei der unmittelbaren Wirkung im Betriebsablauf ein Zusammenhang. Wird ein Zug aufgrund zu geringer Pufferzeit durch einen zeitlich vorgelagerten Zug verspätet, kann diese Verspätung auch durch entsprechende Zeitzuschläge reduziert werden. Der Wirkungszusammenhang von Zeitzuschlägen und Pufferzeiten auf Betriebsqualität und Kapazität wird in Abbildung 2-8 dargestellt. Durch eine geeignete systematische Anordnung von Zeitzuschlägen und Pufferzeiten lassen sich Kapazitätsreserven unter einzuhaltender Betriebsqualität erschließen, und/oder die Betriebsqualität kann bei unveränderter Kapazität verbessert werden.

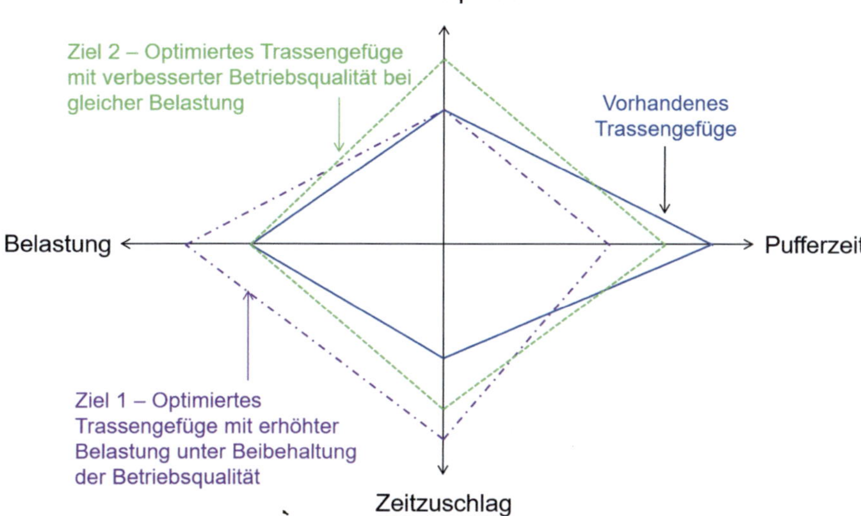


**Abbildung 2-8:   Zusammenhang zwischen Zeitzuschlag und Pufferzeit (Quelle: (Streizig et al. 2016))**

Dieser Zusammenhang ist allerdings aufgrund des komplexen Zusammenspiels unterschiedlicher Zeitreserven sowie der Anordnung der Zeitreserven im Fahrtverlauf eines Zugs nicht trivial ableitbar und wurde bislang noch nicht hinreichend analytisch beschrieben. In diesem Projekt wurden die Untersuchungen für verschiedene Untersuchungsszenarien nach dem Verfahren im folgenden Abschnitt (2.3) systematisch durchgeführt, sodass daraus eine Modellfunktion zur Beschreibung dieses Zusammenhangs abgeleitet werden konnte.

## 2.3    Ableitung des funktionellen Zusammenhangs zwischen Fahrzeitzuschlägen und Pufferzeiten

### 2.3.1    Verfahren zur Untersuchung des Zusammenhangs zwischen Zeitzuschlägen und Pufferzeiten

Zur Untersuchung der Wirkungen von Zeitzuschlägen in Abhängigkeit von Störeinflüssen werden unterschiedliche Störszenarien gestaltet, die unterschiedliche Störungen und Verteilungen besitzen. Somit wird die Änderung der Betriebsqualität eines Fahrplans mit fest angeordneten Zeitzuschlägen bei unterschiedlichen Störfällen beobachtet.

Den Ausgangspunkt zur Ableitung des Zusammenhangs zwischen Zeitzuschlägen bei einer definierten Betriebsqualität bilden typische Betriebsprogramme (homogen / inhomogen, getaktet / ungetaktet, artrein / Mischverkehr) auf identischen Infrastrukturen (Strecke, Knoten, Netz). Darauf aufbauend werden Situationen betrachtet, die sich als (eher theoretische) Grenzfälle der zuletzt genannten Infrastrukturtypen ergeben. Dies betrifft beispielsweise den Fall minimaler Zugfolgezeiten durch kürzeste Zugfolgeabschnitte im gesamten Infrastrukturbereich, eine Erhöhung der Zugfolgezeiten durch sehr lange Zugfolgeabschnitte im gesamten Infrastrukturbereich oder Kombinationen von sehr kurzen und extrem langen Zugfolgeabschnitten innerhalb eines Infrastrukturbereichs.

Zur Ableitung des funktionellen Zusammenhangs stellen Pufferzeiten und Zeitzuschläge von den Zügen auf den betrachteten Streckenabschnitten zwei Parameter ($x$ und $y$) dar, die zunächst jeweils gesondert untersucht wurden.

Für einen Untersuchungsraum werden Zeitzuschläge in unterschiedlichen Höhen stufenweise im Fahrplan angelegt, wobei die festgelegten Pufferzeiten und Störeinflüsse erhalten bleiben. Durch die Beobachtung von Verspätungszuwächsen bei unterschiedlichen Zeitzuschlägen soll eine Modellfunktion abgeleitet werden, die die Betriebsqualität in Abhängigkeit von den Zeitzuschlägen beschreibt.

Als zweiter Parameter wird die Wirkung von Pufferzeiten auf die Betriebsqualität untersucht, indem die Pufferzeiten bei den fixierten Zeitzuschlägen stufenweise erhöht und die daraus resultierenden Betriebsqualitäten ausgewertet werden.

Die Wirkung der angeordneten Zeitreserven wird anhand der Betriebsqualität bewertet, die durch das Verhältnis von Ausgangsverspätung zu Eingangsverspätung (Verspätungskoeffizient) beschrieben wird. Dementsprechend wurde die Modellfunktion $g\,(x, y)$ zur Beschreibung der Abhängigkeit der zwei Parameter von der Betriebsqualität (Verspätungskoeffizient) gestaltet.

Im Rahmen dieses Teilprojekts wurden folgende Szenarien untersucht:

- Artreiner Verkehr auf freier Strecke
- Mischverkehr auf freier Strecke
- Artreiner Verkehr im Netz
- Mischverkehr im Netz

Die Modellfunktion zur Beschreibung des Zusammenhangs zwischen den zwei Parameter (Pufferzeit und Zeitzuschlag) wurde nach folgenden Arbeitsschritten (Workflow in Abbildung 2-9) abgeleitet:

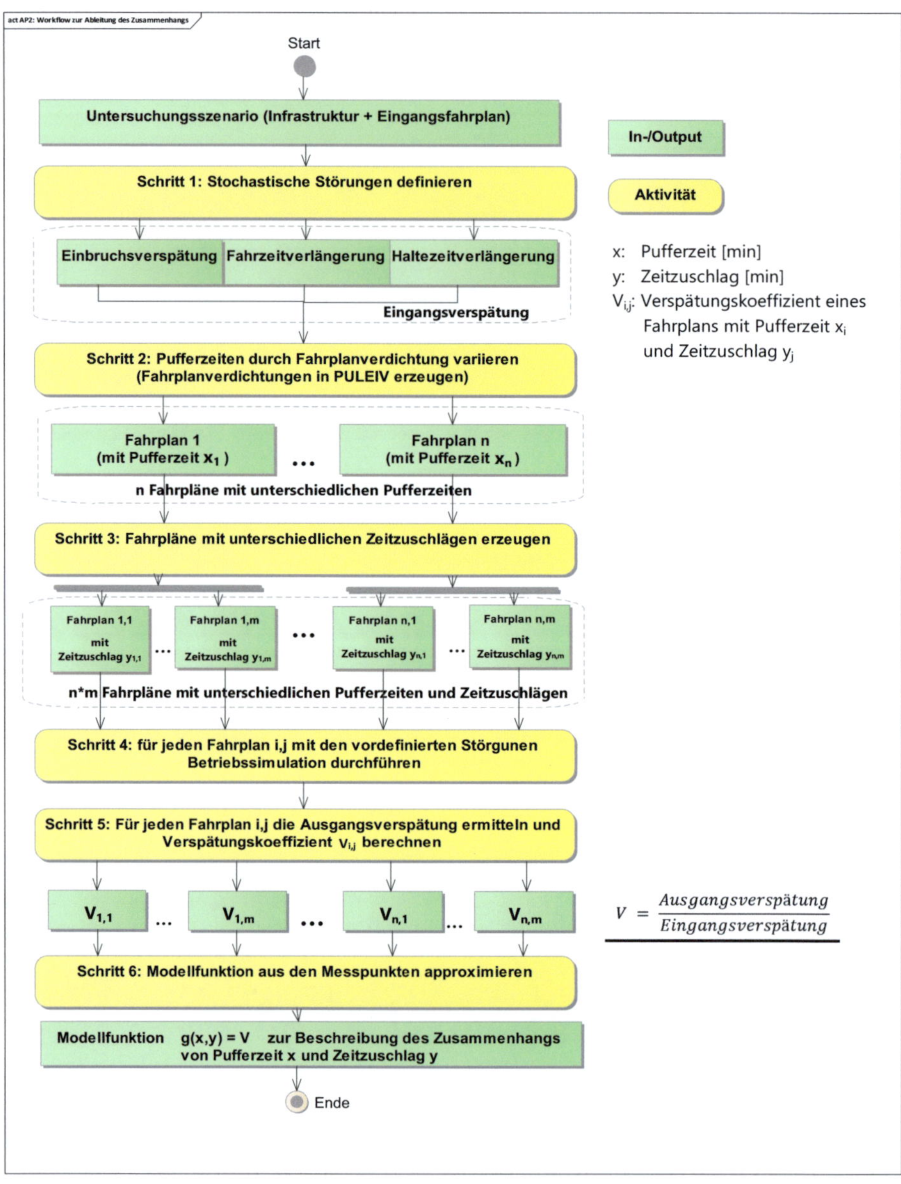


$$V = \frac{Ausgangsverspätung}{Eingangsverspätung}$$

**Abbildung 2-9:   Workflow zur Ableitung des Zusammenhangs zwischen Zeitzuschlägen und Pufferzeiten**

## Schritt 1:  Stochastische Störungen definieren

Für jedes Untersuchungsszenario werden eine Infrastruktur und ein Eingangsfahrplan zugrunde gelegt. Im Rahmen dieses Teilprojekts wurde das synchrone Simulationswerkzeug RailSys eingesetzt. Die Infrastrukturen und die Fahrpläne der Untersuchungsszenarien wurden in RailSys abgebildet und simuliert. Um die Wirkung der Zeitreserven auf die Betriebsqualität (Verspätungszuwachs) zu beobachten, sind im ersten Schritt stochastische Störungen (Eingangsverspätungen) in den Eingangsfahrplan einzugeben. Dabei sind die Arten und Verteilungen der Eingangsverspätungen (Urverspätungen) definiert, welche die im Betrieb auftretenden Einbruchsverspätungen sowie Haltezeit- und Fahrzeitverlängerungen[1] der einzelnen Züge abbilden. Die Verteilungen der Störungen können entweder als statistische negative Exponentialverteilung oder als empirische Verteilung vorgenommen werden. Da für die Untersuchungen keine statistischen und empirischen Daten vorhanden waren, wurde für alle Untersuchungsszenarien das in Tabelle 2-1 und Tabelle 2-2 dargestellte Störungsszenario mit den Näherungswerten aus (DB Netz AG 2008) angewandt:

| Zuggattung | Anteil der gestörten Züge | Mittelwert (min) | Maximale Verspätung (min) |
|---|---|---|---|
| SPFV | 0,5 | 5 | 60 |
| SPNV | 0,6 | 4,5 | 30 |
| S-Bahn | 0,25 | 2 | 15 |
| GV | 0,6 | 10 | 60 |

**Tabelle 2-1:**   Näherungswerte für Einbruchsverspätungen

---

[1] Einbruchsverspätung: stochastisch abbildbare Störungen, die durch Einflüsse außerhalb des Untersuchungsraumes entstehen und in diesen hineingebracht werden.

Haltezeitverlängerung: stochastisch ermittelter Wert, der auf die Mindesthaltezeit aufgeschlagen wird.

Fahrzeitverlängerung: durch die stochastisch beschreibbare Fahrzeitverlängerung werden Störungen zwischen den Betriebsstellen abgebildet. Dies können z.B. technische Störungen oder menschliches Versagen (Zwangsbremsung etc.) sein.

| Zuggattung | Anteil der gestörten Züge | Mittelwert (min) | Maximale Verspätung (min) |
|---|---|---|---|
| SPFV | 0,1 | 2 | 5 |
| SPNV | 0,1 | 1 | 5 |
| S-Bahn | 0,1 | 0,5 | 5 |
| GV | 0,1 | 5 | 15 |

**Tabelle 2-2:**    Näherungswerte für Haltezeitverlängerungen

## Schritt 2:    Pufferzeiten durch Fahrplanverdichtung in PULEIV variieren

Um die Änderung des Parameters $x$ Pufferzeit abzubilden, werden die Pufferzeiten zwischen Zugfahrten im Eingangsfahrplan proportional erhöht bzw. verringert. Daraus ergeben sich mehrere Fahrpläne, die unterschiedliche Pufferzeiten unter Beibehaltung der Zugfolgefälle des zugrunde gelegten Fahrplans besitzen.

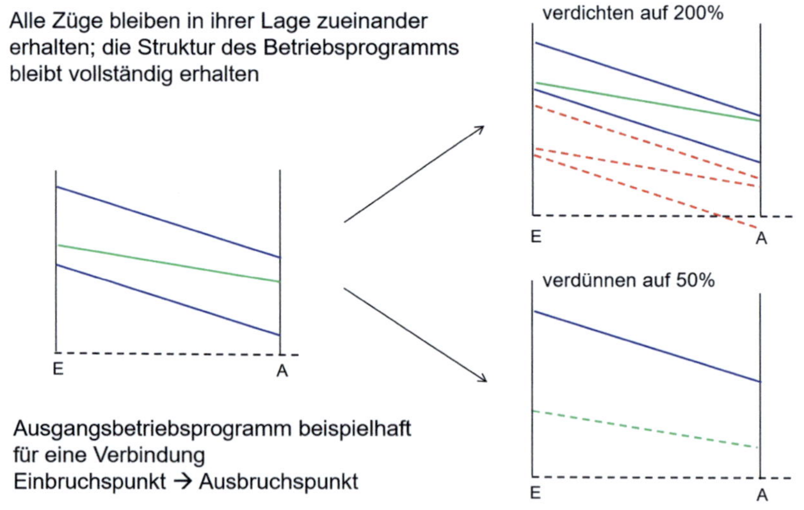


**Abbildung 2-10: Fahrplanverdichtungsstrategie „Fahrplan komprimieren"**

Die Pufferzeiten zwischen den einzelnen Zügen werden variiert, indem der Eingangsfahrplan mit der Software PULEIV (Martin et al. 2011a; Martin et al. 2011b) stufenweise verdichtet wird. Mit der Verdichtungsstrategie „Fahrplan komprimieren" werden die

Zugfahrten wie im Beispiel in Abbildung 2-10 zeitlich zusammengeschoben bzw. auseinandergezogen. Die relative Fahrplanlage wird beibehalten (Reihenfolge der Züge im Einbruchspunkt). Die Zugfolgezeiten sind umgekehrt proportional zur Verdichtungsstufe zu vergrößern bzw. verkleinern. Dadurch weisen die daraus erzeugten Fahrplanverdichtungen Fahrplan 1 bis Fahrplan $n$ unterschiedliche Stufen von Pufferzeiten $(x_1 \ldots x_n)$ auf.

### Schritt 3:    Fahrpläne mit unterschiedlichen Zeitzuschlägen erzeugen

Für jeden Fahrplan aus Schritt 2 werden Fahrzeitzuschläge in unterschiedlicher Höhe (z.B. von 0% bis 100% der reinen Fahrzeit) verwendet, indem die Höhe der Regelzuschläge der jeweiligen Zuggattungen in RailSys stufenweise angepasst wird. Werden für jeden Fahrplan $m$ unterschiedliche Fahrzeitzuschläge eingestellt, ergeben sich $m$ Fahrpläne mit unterschiedlichen Zeitzuschlägen bei fixierter Pufferzeit. Auf dieser Weise werden für die $n$ Fahrpläne aus Schritt 2 insgesamt $m * n$ Fahrpläne mit unterschiedlichen Pufferzeiten und Zeitzuschlägen aufbereitet, die die Werte der zwei Parameter abbilden.

### Schritt 4:    Für jeden Fahrplan $i, j$ mit den vordefinierten Störgunen Betriebssimulation durchführen

Für jeden Fahrplan aus dem letzten Schritt (entspricht einer Kombination von Pufferzeit $x$ und Zeitzuschlag $y$) wird eine synchrone Betriebssimulation (mit jeweils ca. 80 Simulationsläufen) mit vorgegebenen stochastischen Eingangsverspätungen (Urverspätungen) im Simulationswerkzeug RailSys durchgeführt.

### Schritt 5:    Für jeden Fahrplan $i, j$ die Ausgangsverspätung ermitteln und Verspätungskoeffizient $V_{i,j}$ berechnen

In PULEIV werden die Simulationsprotokolle von RailSys eingelesen und die betrieblichen Ereignisse erfasst. Durch den Abgleich von Ist- und Soll-Fahrplan wird die durchschnittliche Eingangs- und Ausgangsverspätung pro Zugfahrt berechnet. Dann wird der Verspätungskoeffizient $V_{i,j}$ ermittelt, der sich aus dem Quotient der Ausgangs- und Eingangsverspätungen ergibt und die Betriebsqualität des Fahrplans beschreibt. Auf dieser Weise werden für alle $m * n$ Fahrpläne die Verspätungskoeffizienten $(V_{1,1} \ldots V_{n,m})$ bestimmt, die der Approximation einer Modellfunktion zugrunde gelegt werden. Die Zuordnung der Daten wird in einer Matrix in Abbildung 2-11 dargestellt.

Zeitzuschlag

| | $y_1$ | $\cdots$ | $y_j$ | $\cdots$ | $y_m$ |
|---|---|---|---|---|---|
| $x_1$ | $V_{1,1}$ | $\cdots$ | $V_{1,j}$ | $\cdots$ | $V_{1,m}$ |
| $\vdots$ | $\cdots$ | $\cdots$ | $\cdots$ | $\cdots$ | $\cdots$ |
| $x_i$ | $V_{i,1}$ | $\cdots$ | $V_{i,j}$ | $\cdots$ | $V_{i,m}$ |
| $\vdots$ | $\cdots$ | $\cdots$ | $\cdots$ | $\cdots$ | $\cdots$ |
| $x_n$ | $V_{n,1}$ | $\cdots$ | $V_{n,j}$ | $\cdots$ | $V_{n,m}$ |

(Zeilenbeschriftung: Pufferzeit)

**Abbildung 2-11: Zuordnung der Daten in einer Matrix**

## Schritt 6:    Modellfunktion aus den Messpunkten approximieren

Für jedes Untersuchungsszenario wurden die Schritte 1 bis 5 durchgeführt und daraus eine statistisch gesicherte Anzahl der Messpunkte gebildet. Aus diesen Messpunkten wurde eine Modellfunktion $g(x,y) = V$ approximiert. In den folgenden Abschnitten werden die Untersuchungsergebnisse und die abgeleitete Modellfunktion beschrieben.

### 2.3.2    Untersuchungsergebnisse

Nach dem in Abschnitt 2.3.1 beschriebenen Verfahren wurden verschiedene typische Untersuchungsszenarien näher betrachtet. In diesem Abschnitt sind die Untersuchungsergebnisse von drei ausgewählten Untersuchungsszenarien dargestellt.

**Untersuchungsszenario 1: Freie Strecke mit artreinem Verkehr**

Bei diesem Szenario wurde eine ca. 110 km lange freie Strecke eines Referenzbeispiels von Station Adorf nach Station Ffurt (der blaue Fahrweg in Abbildung 2-12) untersucht, die von gleichartigen RB-Zügen befahren wird. Im Basisfahrplan wird 1 min Zugfolgepufferzeit jeweils zwischen zwei Zugfahrten angeordnet. Beim artreinen Verkehr befinden sich die Zugfolgepufferzeiten (die kleinsten Pufferzeiten zwischen Sperrzeitentreppen) immer an den gleichen Stellen (hier auf dem Streckenabschnitt zwischen Adorf und Cheim, siehe Abbildung 2-13).

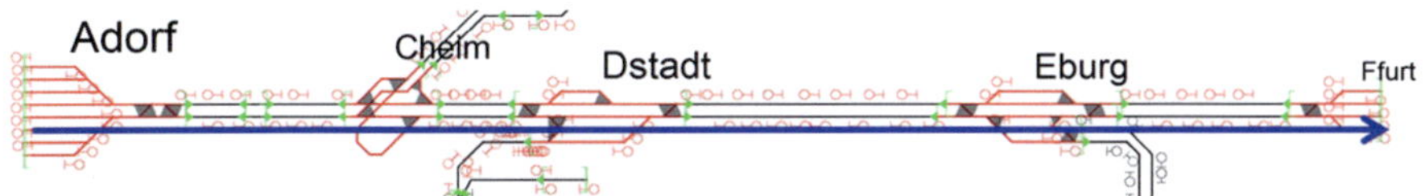


**Abbildung 2-12: Infrastruktur des Untersuchungsszenarios 1**

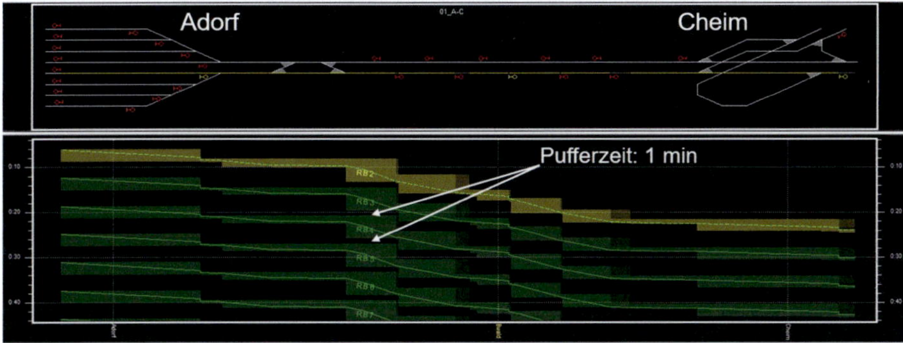


**Abbildung 2-13: Zugfolgepufferzeiten des Untersuchungsszenarios 1**

## Wirkung der variierenden Fahrzeitzuschläge auf die Betriebsqualität bei fixierter Pufferzeit

Zur Untersuchung der Wirkung von Zeitzuschlägen auf die Betriebsqualität wurden mehrere Fahrpläne basierend auf dem Basisfahrplan generiert, die die stufenweise erhöhten Fahrzeitzuschläge von 0% bis 100% der reinen Fahrzeiten besitzen. Die Zugfolgepufferzeiten sind auf 1 min fixiert.

In Abbildung 2-14 wird der Verlauf der Verspätungskoeffizienten bei zunehmenden Fahrzeitzuschlägen dargestellt. Im Fall, dass die Zugfahrten keinen Zeitzuschlag (0%) erhalten, weist der Verspätungskoeffizient 1,8 einen Verspätungszuwachs um 80% auf. Werden 5,5% Zeitzuschläge auf die reine Fahrzeit aufgeschlagen, wird keine zusätzliche Verspätung im Untersuchungsraum entstehen (d. h. mit dem Verspätungskoeffizienten 1 bleibt Ausgangsverspätung gleich der Eingangsverspätung). Bei zunehmenden Zeitzuschlägen nehmen die Verspätungskoeffizienten monoton ab. Bei großen Zeitzuschlägen ab 30% kann der Großteil der Eingangsverspätung (ca. 75%) abgebaut werden.

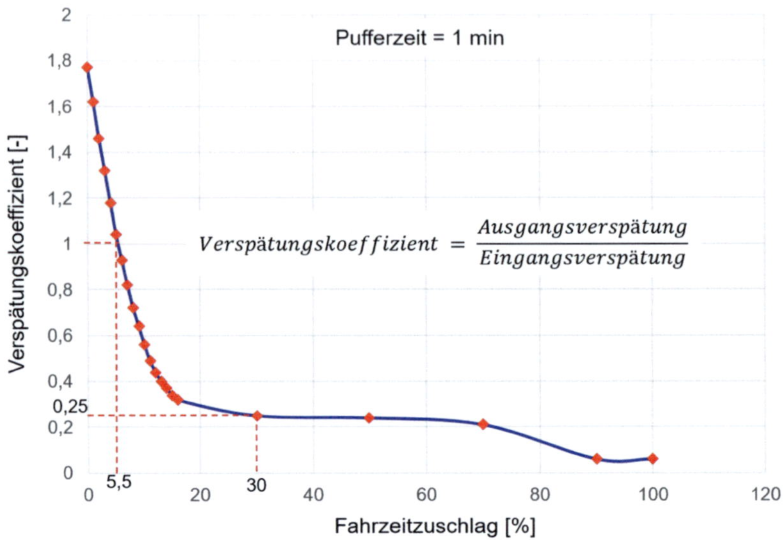


$$Verspätungskoeffizient = \frac{Ausgangsverspätung}{Eingangsverspätung}$$

**Abbildung 2-14: Untersuchungsszenario 1 - Wirkung der variierenden Fahrzeitzuschläge auf die Betriebs-qualität bei fixierter Pufferzeit (1 min)**

## Wirkung der variierenden Pufferzeiten auf die Betriebsqualität bei fixiertem Zeitzuschlag

Die Wirkung des Parameters Pufferzeit wurde betrachtet, indem die Pufferzeiten zwischen Zugfahrten unter Beibehaltung eines fixierten Zeitzuschlags stufenweise variiert werden. Abbildung 2-15 zeigt den Verlauf der Verspätungskoeffizienten bei zunehmenden Pufferzeiten von 0 bis 9 Minuten zwischen den Zugfahrten. Im ungünstigsten Fall, wenn im Fahrplan gar keine Zeitreserven (Pufferzeit und Zeitzuschlag sind beide gleich null) vorhanden sind, vergrößert sich die Eingangsverspätung um das 4,5-fache (Verspätungskoeffizient = 4,5). Der Zuwachs der Verspätung sinkt mit zunehmenden Pufferzeiten, bis die Pufferzeit größer als 8 min ist. Da in diesem Beispiel kein Zeitzuschlag angelegt wurde, kann die Eingangsverspätung nicht reduziert werden.

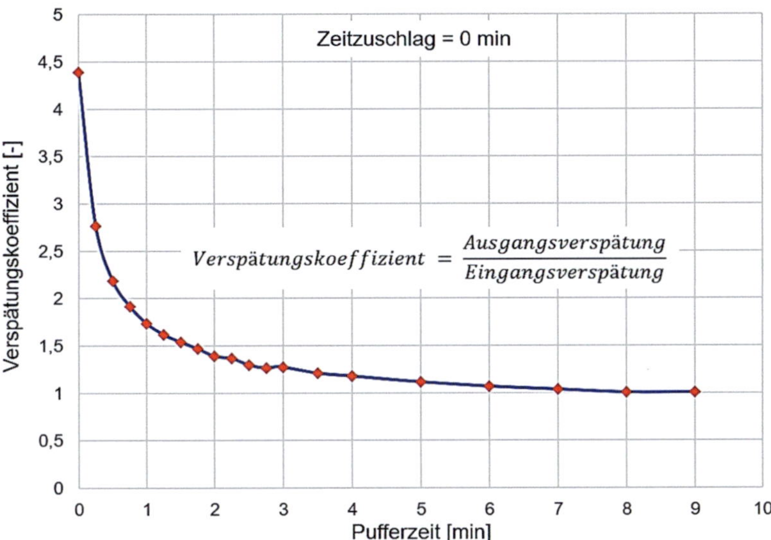


$$Verspätungskoeffizient = \frac{Ausgangsverspätung}{Eingangsverspätung}$$

**Abbildung 2-15: Untersuchungsszenario 1 - Wirkung der variierenden Pufferzeiten ohne Zeitzuschlag auf die Betriebsqualität bei fixiertem Zeitzuschlag**

## Zusammenstellung der Untersuchungsergebnisse

Die Untersuchungsergebnisse der einzeln betrachteten Parameter werden in Abbildung 2-16 zusammengestellt. Die Wirkung der zwei Parameter auf den Verspätungskoeffizienten (Betriebsqualität) zeigt, dass verschiedene Kombinationen von Pufferzeiten und Zeitzuschlägen im Fahrplan existieren, mit denen die Eingangsverspätung (Verspätungskoeffizienten kleiner als 1) abgebaut werden kann. Stellt jeder Punkt in Abbildung 2-16 eine Kombination der zwei Parameter dar, können alle Punkte unter der roten Linie (Verspätungskoeffizient = 1) das Ziel zum Abbau der Eingangsverspätung erreichen. Es stellt sich die Frage, welche Kombination der Pufferzeiten und Zeitzuschläge im Fahrplan angewandt soll.

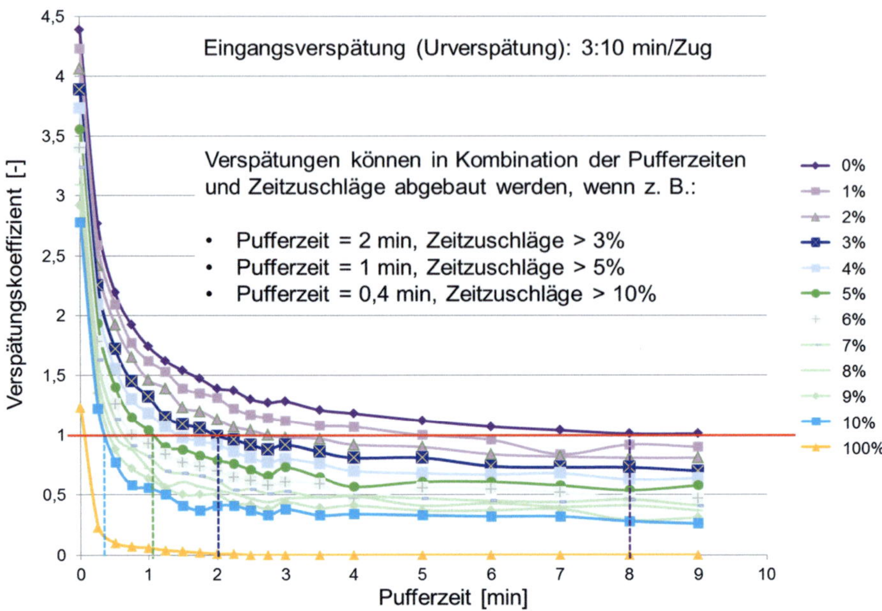


**Abbildung 2-16: Untersuchungsszenario 1 – Zusammenwirken von Pufferzeiten und Zeitzuschlägen**

## Untersuchungsszenario 2: Freie Strecke mit Mischverkehr

In diesem Untersuchungsszenario wird die gleiche Strecke wie im Untersuchungssze-nario 1 (siehe Abbildung 2-12) durch die Züge aus vier unterschiedlichen Zuggattun-gen belegt. Im Basisfahrplan fahren die Züge mit 1 min Zugfolgepufferzeiten nach der Reihenfolge IC-RE-RB-IRC im Takt. Aufgrund der Geschwindigkeitsschere sind die Infrastrukturabschnitte mit den maßgebenden Zugfolgepufferzeiten von der Reihen-folge der Zugfahrten abhängig. Folgt innerhalb eines Takts ein langsamer Zug einem schnellen Zug (wie die Zugfolgen IC-RE, RE-RB und RB-IRC), dann ist die gleiche Stelle auf dem Streckenabschnitt Adorf-Cheim wie im Untersuchungsszenario 1 für die Zugfolgepufferzeiten (Abbildung 2-17 (a)) maßgebend. Folgt jedoch zwischen zwei Takten ein schneller Zug (IC) einem langsamen Zug (IRC), liegt die maßgebende Zug-folgepufferzeit im Streckenabschnitt Eburg-Ffurt (Abbildung 2-17 (b)).

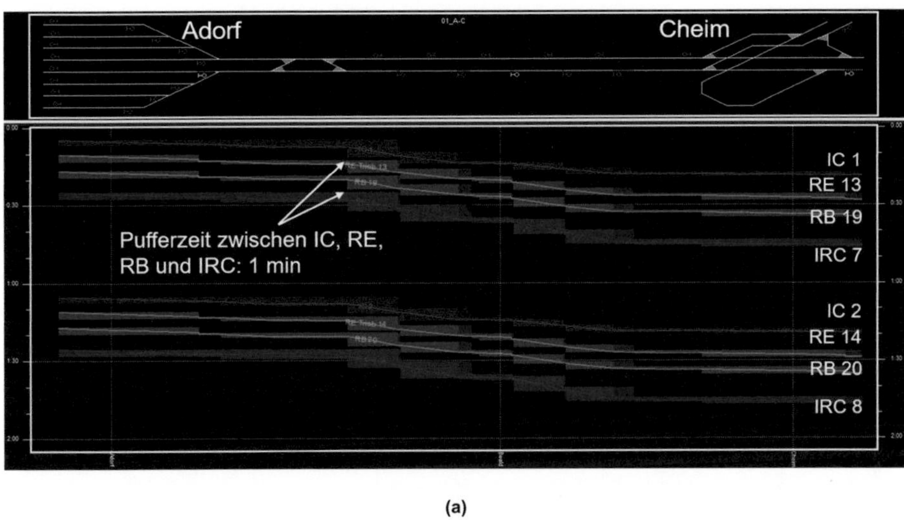


(a)

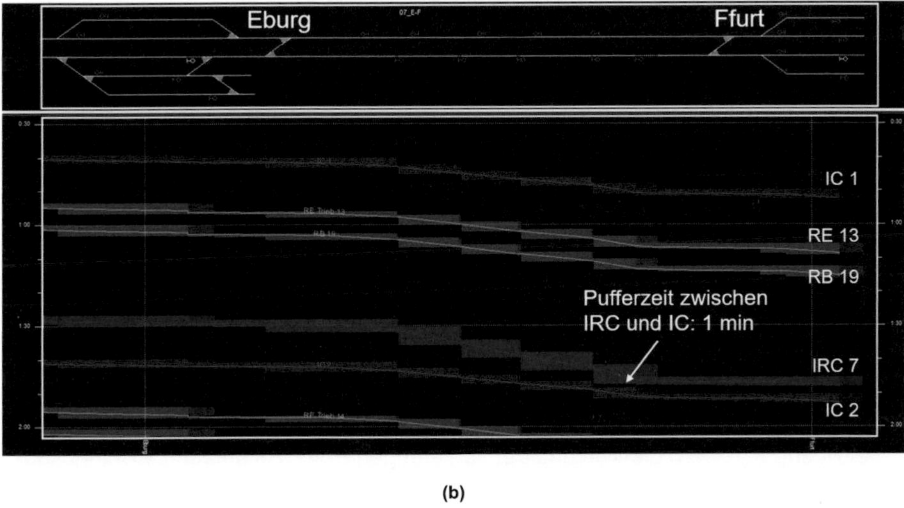


(b)

**Abbildung 2-17: Zugfolgepufferzeiten des Untersuchungsszenarios 2**

Nach dem in Abschnitt 2.3.1 beschriebenen Verfahren wurden die Pufferzeiten und Zeitzuschläge unter Beibehaltung der Struktur des Betriebsprogramm des Basisfahrplans variiert und eine Leistungsuntersuchung zur Bestimmung der Betriebsqualität durchgeführt. In Abbildung 2-18 wird der Verlauf der Verspätungskoeffizienten bei stufenweise erhöhten Zeitzuschlägen mit einer fixierten Pufferzeit dargestellt. In dem Beispiel mit großen Pufferzeiten von 10 min resultieren keine zusätzlichen Verspätungen aus gegenseitigen Behinderungen, daher liegen die Verspätungskoeffizienten nicht über 1 (Ausgangsverspätung kleiner gleich Eingangsverspätung). Wenn keine Zeitzuschläge vorhanden sind, bleibt die Ausgangsverspätung unverändert gleich der Eingangsverspätung (Verspätungskoeffizient = 1). Mit ca. 5% Zeitzuschlägen kann die Eingangsverspätung im Untersuchungsraum um ca. 50% reduziert werden. Ab einen Zeitzuschlag von 20% kann die Eingangsverspätung komplett abgebaut werden.

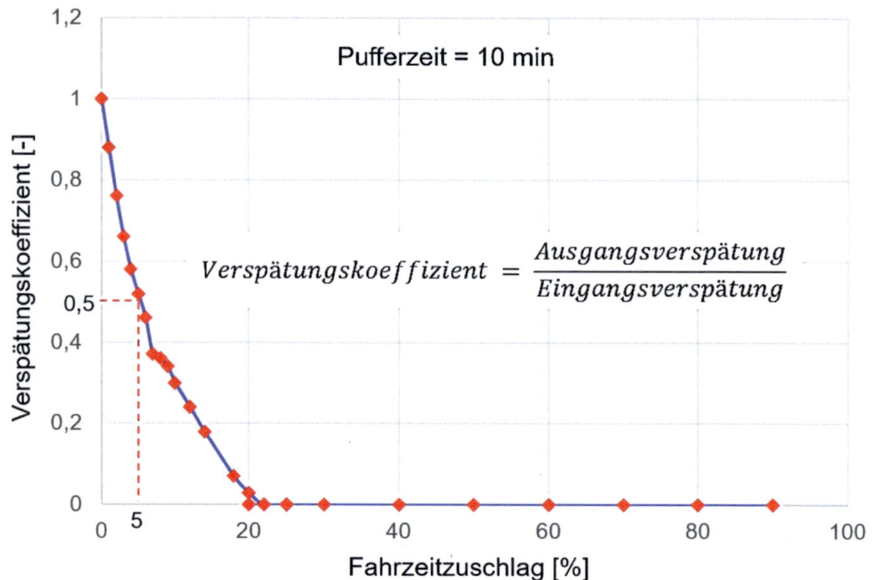


$$Verspätungskoeffizient = \frac{Ausgangsverspätung}{Eingangsverspätung}$$

**Abbildung 2-18: Untersuchungsszenario 2 - Wirkung der variierenden Fahrzeitzuschläge auf die Betriebsqualität bei fixierter Pufferzeit (10 min)**

In Abbildung 2-19 wird die Wirkung der variierenden Pufferzeiten auf die Betriebsqualität bei einem fixierten Zeitzuschlag (in diesem Beispiel sind die Zeitzuschläge = 0) angezeigt. Da keine Zeitzuschläge zum Abbau der Verspätung genutzt werden können, kann die Ausgangsverspätung nicht geringer als die Eingangsverspätung werden (Verspätungskoeffizient ≥ 1). In diesem Beispiel ist der Zuwachs der Verspätungskoeffizienten bei Pufferzeiten zwischen 0 und 4 min relativ langsam, jedoch steigt der Verspätungskoeffizient im Bereich -1 bis zu 0 min Pufferzeiten rasant. Der Grund liegt daran, dass das Betriebsprogramm des Untersuchungsszenarios im Vergleich zum Untersuchungsszenario 1 inhomogen ist, was die Kapazität zwar verringert, allerdings mehr Reserven verfügbar sind. Auch bei niedrigen Zugfolgepufferzeiten sind noch Pufferzeiten auf anderen Streckenabschnitten zur Dämpfung der Verspätungen verfügbar. Theoretisch konvergiert der Verspätungskoeffizient bei Pufferzeit 0 gegen unendlich, falls der Untersuchungsraum und Simulationszeitraum unendlich wären.

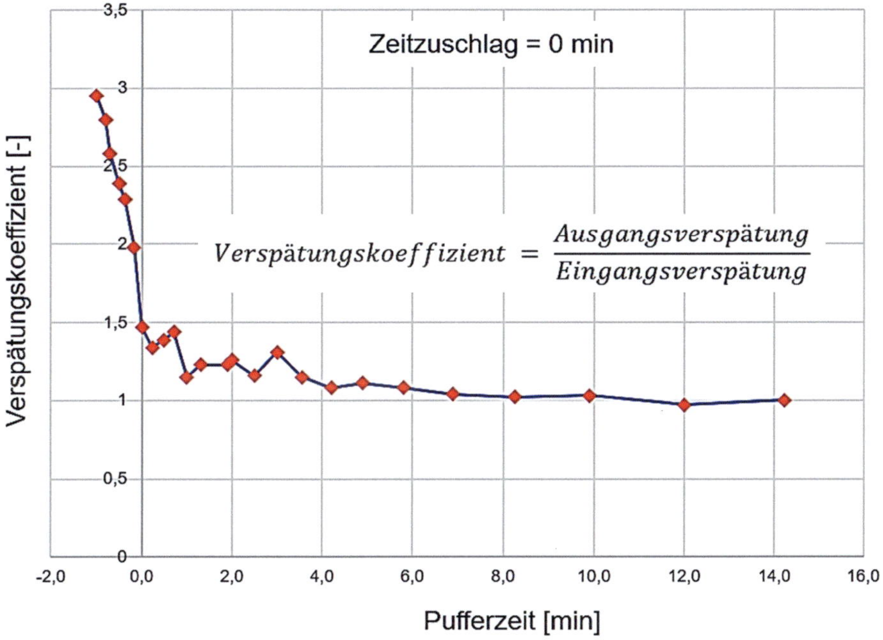


$$Verspätungskoeffizient = \frac{Ausgangsverspätung}{Eingangsverspätung}$$

**Abbildung 2-19: Untersuchungsszenario 2 - Wirkung der variierenden Pufferzeiten ohne Zeitzuschlag auf die Betriebsqualität bei fixiertem Zeitzuschlag**

In Abbildung 2-20 werden das Zusammenwirken von Pufferzeiten und Zeitzuschlägen mit vier unterschiedlichen Höhen von Zeitzuschlägen beispielhaft dargestellt. Die Untersuchungsergebnisse haben zwar mehr Ausreißer im Vergleich zum Untersuchungsszenario 1, die Tendenzen sind jedoch ähnlich.

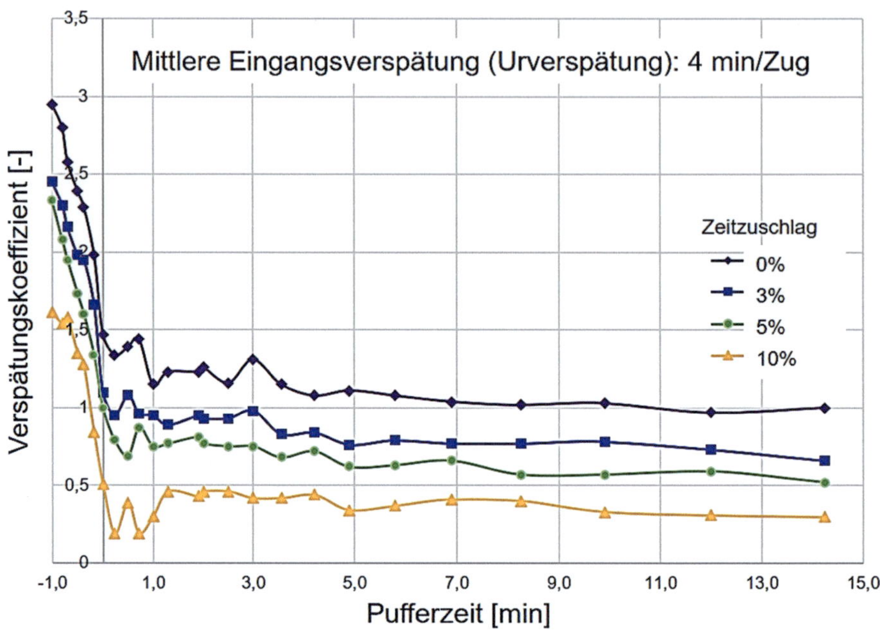


**Abbildung 2-20: Untersuchungsszenario 2 - Zusammenwirken von Pufferzeiten und Zeitzuschlägen**

## Untersuchungsszenario 3: Stadtbahnnetz mit artreinem Verkehr

Beim Untersuchungsszenario 3 wurde ein reales Stadtbahnnetz mit einem fiktiven Fahrplan und Fahrzeugen gleichen Typs untersucht. Im Unterschied zur freien Strecke, bei der für die Züge auf den jeweiligen einzelnen Linien (Relationen) die Zugfolgepufferzeiten gleichmäßig verteilt werden können, ist bei der Betrachtung eines gesamten Netzes die gleichmäßige Verteilung der Pufferzeiten aufgrund komplexer Fahrtkombination nicht trivial umsetzbar. Deshalb werden bei diesem Beispiel Verdichtungsstufen der Belastung statt exakter Werter der Pufferzeiten verwendet. Jede Verdichtungsstufe weise daher eine proportionale Steigerung der Pufferzeiten im Basisfahrplan auf. Die Untersuchungsergebnisse werden in Abbildung 2-20, Abbildung 2-21 und Abbildung 2-22 dargestellt. Sie weisen die gleiche Tendenz wie in den Untersuchungsszenarien 1 und 2 auf. Im Vergleich zur freien Strecken, ist die Absenkung der Verspätungskoeffizienten bei der Betrachtung eines Netzes relativ gesehen geringer. Der Grund liegt darin, dass neben Pufferzeiten und Zeitzuschlägen noch komplexe Abhängigkeiten zwischen den Zugfahrten einen Einfluss auf die Verspätungskoeffizienten haben können, sodass die Einflüsse von Pufferzeiten und Zeitzuschlägen verringert werden.

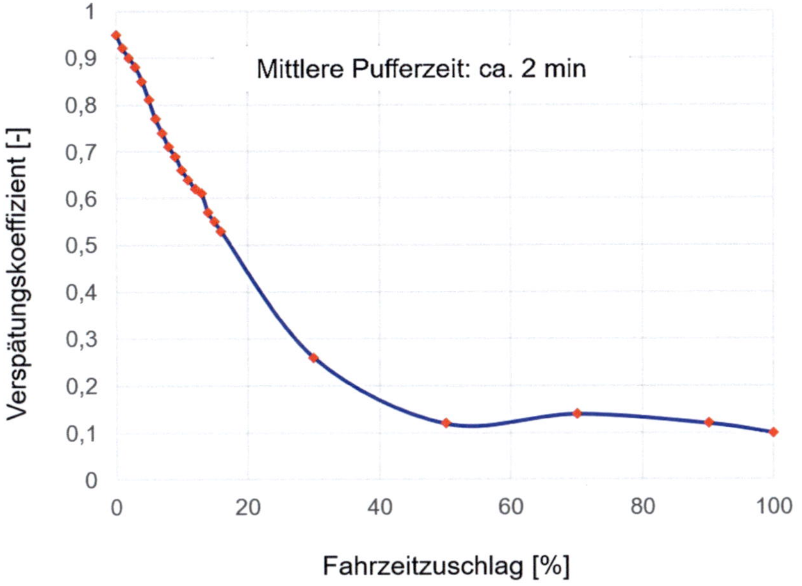


**Abbildung 2-21: Untersuchungsszenario 3 - Wirkung der variierenden Fahrzeitzuschläge auf die Betriebsqualität bei fixierter Pufferzeit**

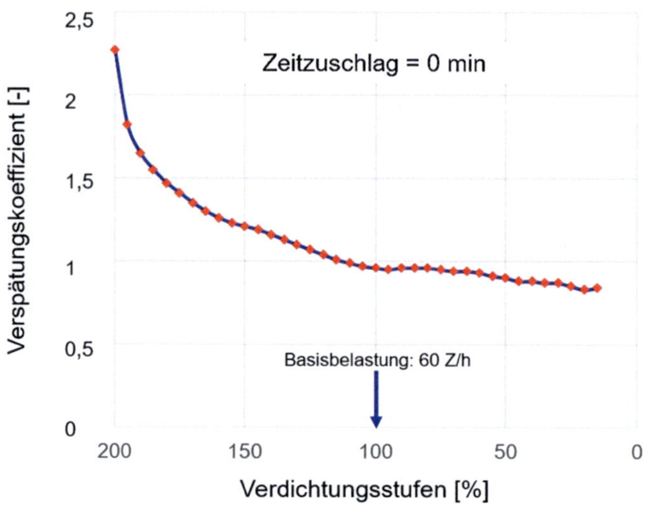


**Abbildung 2-22:** Untersuchungsszenario 3 - Wirkung der variierenden Pufferzeiten ohne Zeitzuschlag auf die Betriebsqualität bei fixiertem Zeitzuschlag

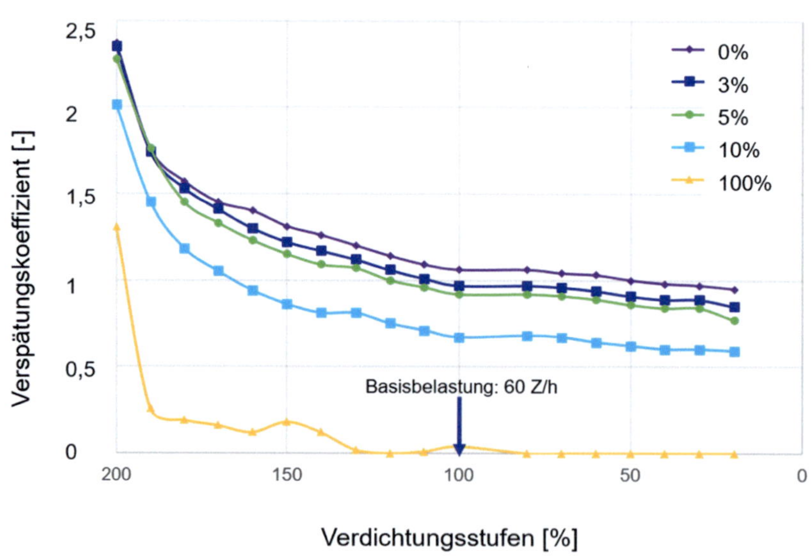


**Abbildung 2-23:** Untersuchungsszenario 3 - Zusammenwirken von Pufferzeiten und Zeitzuschlägen (die farbigen Linien kennzeichnen unterschiedliche prozentuale Zeitzuschläge)

### 2.3.3 Ableitung der Modellfunktion zur Beschreibung des Zusammenhangs zwischen Pufferzeiten und Zeitzuschlägen

Aus den Untersuchungsergebnissen wurde für jeden gewählten Zeitzuschlag eine Kurve abgeleitet, die den Verlauf des Verspätungskoeffizienten in Abhängigkeit von den zunehmenden Pufferzeiten darstellt (vgl. Abbildung 2-16, Abbildung 2-20 und Abbildung 2-23). Die Kurven zeigen, dass der Verspätungskoeffizient bei zunehmenden Zeitzuschlägen und Pufferzeiten erwartungsgemäß abnimmt und gegen einen Grenzwert konvergiert.

Das Zusammenwirken der zwei Parameter, Pufferzeit und Zeitzuschlag, auf die Betriebsqualität (Verspätungskoeffizient) kann mit einem gekrümmte dreidimensionalen Flächendiagramm in Abbildung 2-24 dargestellt werden. Dabei beschreiben die X-Achse den Parameter Pufferzeit $x$, die Y-Achse den Parameter Zeitzuschlag $y$ und die Z-Achse den Verspätungskoeffizienten $V = g(x, y)$. Jeder Punkt auf der Fläche stellt eine aus einer Kombination von Pufferzeit und Zeitzuschlag resultierende Betriebsqualität (Verspätungskoeffizient) dar.

Wird ein Grenzwert für die Betriebsqualität (Verspätungskoeffizient) festgelegt (die rote transparente rechteckige Fläche), können die Kombinationen von Pufferzeiten und Zeitzuschlägen bestimmt werden, mit denen der definierte Grenzwert der Betriebsqualität nicht unterschritten wird (Punkte in Abbildung 2-24 unter dem Grenzwert, der durch die rote transparente rechteckige Fläche gebildet wird).

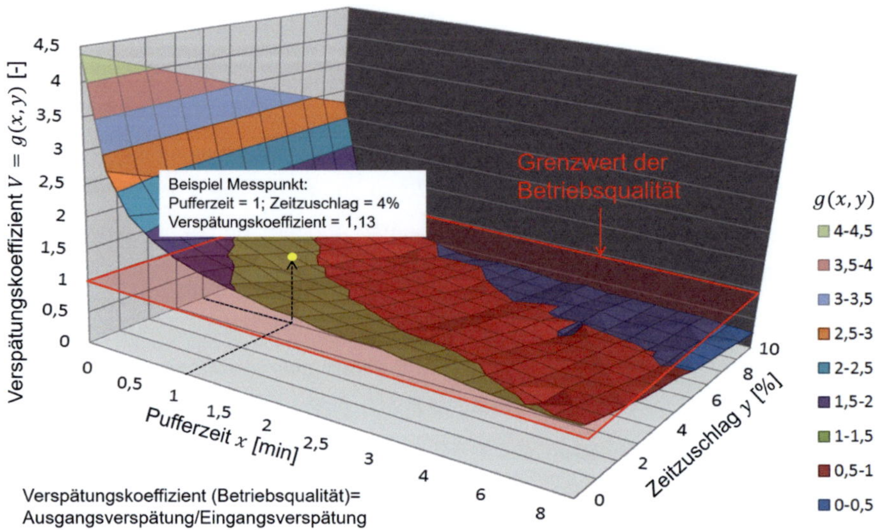


**Abbildung 2-24: Dreidimensionalen Darstellung des Zusammenhangs zwischen Zeitzuschlägen und Pufferzeiten (Untersuchungsszenario 1)**

Bei einem fixierten Zeitzuschlag können die Eingangsverspätungen ab einer hinreichend großen Pufferzeit (größer als die Pufferzeit beim Schnittpunkt der Kurve und der Linie mit dem Verspätungskoeffizienten 1) abgebaut werden, d. h. der Verspätungskoeffizient ist in diesem Bereich kleiner als 1. Je größer der Zeitzuschlag ist, desto weniger Pufferzeit wird benötigt, um einen Verspätungskoeffizienten kleiner als 1 zu erreichen. Sind keine Zeitzuschläge vorhanden (die obere violette Kurve in Abbildung 2-23), können die Eingangsverspätungen trotz großer Pufferzeiten nicht vollständig abgebaut werden. Bei diesem Fall liegt der Grenzwert des Verspätungskoeffizienten systematisch bei 1. Bei hinreichend großen Pufferzeiten (hier z. B. ab acht Minuten Pufferzeit), ist der Abbau der Eingangsverspätungen rein von den vorhandenen Zeitzuschlägen einzelner Zugfahrten abhängig. Die Grenzwerte, gegen welche die jeweiligen Kurven in Abbildung 2-23 konvergieren, stellen die niedrigsten erreichbaren Verspätungskoeffizienten bei jeweiligen Zeitzuschlägen dar und können mit einer Funktion $h(y)$ (siehe Abbildung 2-25 (a)) beschrieben werden (dabei ist $y$ der Zeitzuschlag).

Aus den Daten der Untersuchungen wurde der Verspätungskoeffizienten $V$ als Modellfunktion $g(x,y)$ mit zwei Variablen durch ein Approximationsverfahren abgeleitet. Diese Modellfunktion beschreibt somit den Verspätungskoeffizienten $V$ (als wichtige

Kenngröße der Betriebsqualität) in Abhängigkeit von dem Zusammenhang zwischen Pufferzeiten $x$ und Zeitzuschlägen $y$.

Die Modellfunktion $g(x, y)$ wird folgendermaßen beschrieben (Abbildung 2-25):

$$g(x,y) = \frac{ln(vsp_{ur} + 1) \cdot h(y)}{x} + h(y) \qquad \text{(2.1)}$$

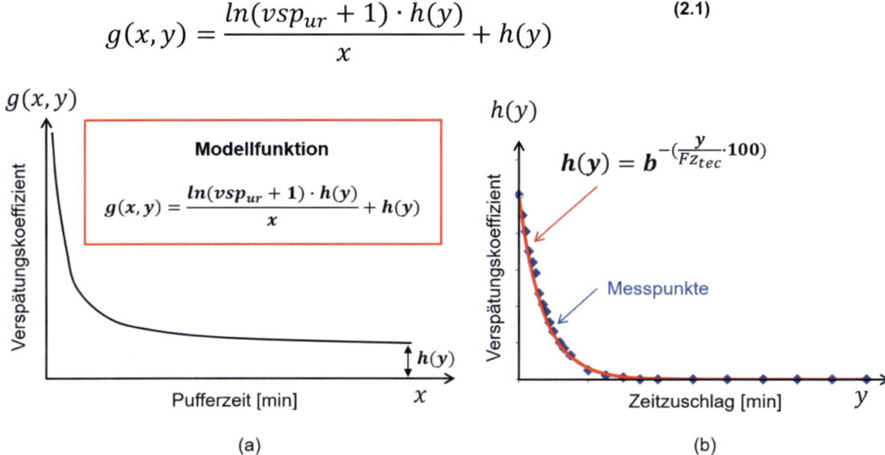


**Abbildung 2-25: Modellfunktion zur Beschreibung des Zusammenhangs von Pufferzeiten und Zeitzuschlä-gen**

Dabei sind:

$g(x, y)$:  Modellfunktion der Verspätungskoeffizienten $V$ (hier synonym für Be-triebsqualität)   [-]

$x$:  Mittelwert der Pufferzeiten der betrachteten Züge   [min]

$vsp_{ur}$:  mittlere Eingangsverspätung der betrachteten Züge   [min]

$y$:  Zeitzuschlag pro Zug   [min]

$b$:  Basis der negativen Exponentialfunktion, wird aus der mittleren Fahrzeit und Eingangsverspätungen bestimmt   [-]

$h(y)$ beschreibt den Grenzwert des Verspätungskoeffizienten in Abhängigkeit von Zeitzuschlägen, bei dem die gegenseitigen Behinderungen nicht berücksichtig werden, daher:

$$g(x, y) > h(y) \qquad \text{(2.2)}$$

$h(y)$ ergibt sich aus:

$$h(y) = b^{-(\frac{y}{Fz_{tec}} \cdot 100)} \qquad \text{(2.3)}$$

Zur empirischen Bestimmung von $b$ wird der Zeitzuschlag für $h(y)$=0,5 berechnet, was bedeutet, dass die Hälfte der Eingangsverspätungen abgebaut werden. Im Rahmen von Untersuchungen verschiedener Fälle wurde festgestellt, dass sich bei Zügen mit Zeitzuschlägen (hier Fahrzeitzuschläge) in Höhe der Hälfte der mittleren Verspätungen (Eingangsverspätungen) ein Verspätungskoeffizient $h(y) = 0{,}5$ entsteht, d.h.,

$$0{,}5 = b^{-\left(\frac{vspur/2}{Fz_{tec}} * 100\right)}, \text{ daraus ergibt sich}$$

$$b = \sqrt[\left(\frac{\overline{Vsp}/2}{Fz_{tec}} * 100\right)]{2}$$

$$b = 2^{\frac{Fz_{tec}}{50 \cdot vspur}}$$

Dabei ist:

$Fz_{tec}$:  technisch mindeste Fahrzeit der Züge innerhalb des Trassenbün-  [-]
dels

Die Modellfunktion wurde aus Simulationsergebnissen von Untersuchungsvarianten mit verschiedenen Betriebsprogrammen und Infrastrukturen approximiert. Für den konkreten Anwendungsfall des Untersuchungsszenarios 1 (vgl. Abbildung 2-16, Abbildung 2-24) wurde somit folgende Modellfunktion abgeleitet:

$$g(x,y) = \frac{0{,}75 * 1{,}14^{-1{,}9y}}{x} + 1{,}14^{-1{,}9y} \qquad (2.4)$$

Diese Modellfunktion dient als Ausgangsfunktion für die Optimierungsaufgabe in Abschnitt 2.5.

## 2.4    Methode zur Bildung von Trassenbündeln

Um potentielle Zeitlücken zwischen Zugfahrten für zusätzliche Systemtrassen zu finden, werden die gesamten Zugfahrten im vorhandenen Trassengefüge anhand von ihren Abhängigkeiten in mehrere Gruppen aufgeteilt. Solche Gruppen von Zugfahrten werden im Rahmen des Teilprojekts ATRANS 1 als Trassenbündel dargestellt (siehe Definition in Abschnitt 2.4.1). Die Regeln und Vorgehensweise zur Bildung von Trassenbündeln werden in diesem Abschnitt beschrieben.

Im realen Bahnbetrieb werden die im Fahrplan geplanten Zeitreserven (Pufferzeiten und Zeitzuschläge) genutzt, um die aus Unregelmäßigkeiten und gegenseitigen Behinderungen von Zugfahren resultierenden Verspätungen zu kompensieren. Um die Betriebsqualität trotz der anzustrebenden Kapazitätssteigerung zu gewährleisten, ist es sinnvoll, insbesondere die Verteilung der Zeitreserven für die Zugfahrten zu optimieren, die eine hohe Wahrscheinlichkeit für gegenseitige Behinderungen besitzen. Solche voneinander abhängigen Zugfahrten werden in Trassenbündeln zusammengefasst. Darüber hinaus werden die Zeitreserven für die Zugfahrten in einem Trassenbündel mit den entwickelten Ansätzen in Abschnitten 2.3 und 2.5 optimal verteilt und angeordnet.

### 2.4.1 Definition von Trassenbündeln

Im Sinne der Bewertung der Fahrwegkapazität wird der Begriff „Bündelung" in (DB Netz AG 2008) definiert als:

„Zugfolgen von Zügen mit gleichen oder zumindest ähnlichen fahrdynamischen Charakteristika, bei Zweirichtungsbetrieb außerdem Zugfolgen von Zügen in gleicher Richtung (Richtungsbündelung)". Je kleiner die mittlere Mindestzugfolgezeit ist, umso höher ist die Leistungsfähigkeit des betrachteten Fahrwegabschnitts. Durch Bündelung oder Geschwindigkeitsharmonisierung lassen sich mittlere Mindestzugfolgezeiten und damit Leistung und Qualität positiv beeinflussen.

Da der Begriff „Bündelung" nicht zielführend angewandt werden kann, wird der Begriff „Trassenbündel" im Rahmen des Projekts ATRANS folgendermaßen definiert:

**Definition Trassenbündel in ATRANS:** ein Trassenbündel ist eine Folge von nacheinander fahrenden Zügen zwischen zwei Zugmeldestellen mit einer hohen Wahrscheinlichkeit zur gegenseitigen Behinderung, sodass die daraus resultierenden außerplanmäßigen Wartezeiten trotz der Nutzung von vorhandenen Zeitreserven (Zugfolgepufferzeiten und Zeitzuschlägen) innerhalb dieses Bündels nicht kompensierbar sind. Ein Trassenbündel ausschließlich mit Zügen, die in derselben Richtung verkehren, kann auch Richtungsbündel genannt werden.

### 2.4.2 Ansatz zur Bildung von Trassenbündeln

Für Trassenbündel werden Zugfahrten zwischen zwei Zugmeldestellen abschnittsweise betrachtet. Dabei wird zunächst der Untersuchungsraum in einzelne Streckenabschnitte zwischen zwei benachbarten Zugmeldestellen aufgeteilt. Das Verfahren zur Bildung von Trassenbündeln wird für die Zugfahrten im Auswertezeitraum auf einem Streckenabschnitt zwischen zwei Zugmeldestellen angewandt.

Mit dem in Abbildung 2-26 dargestellten Verfahren werden Zugfahrten zwischen zwei Zugmeldestellen in Abhängigkeit von den Erwartungswerten der Ur- und Einbruchsverspätungen (Eingangsverspätungen) in mehreren Trassenbündeln gebildet (vgl. (Li et al. 2017; Li und Martin 2017)):

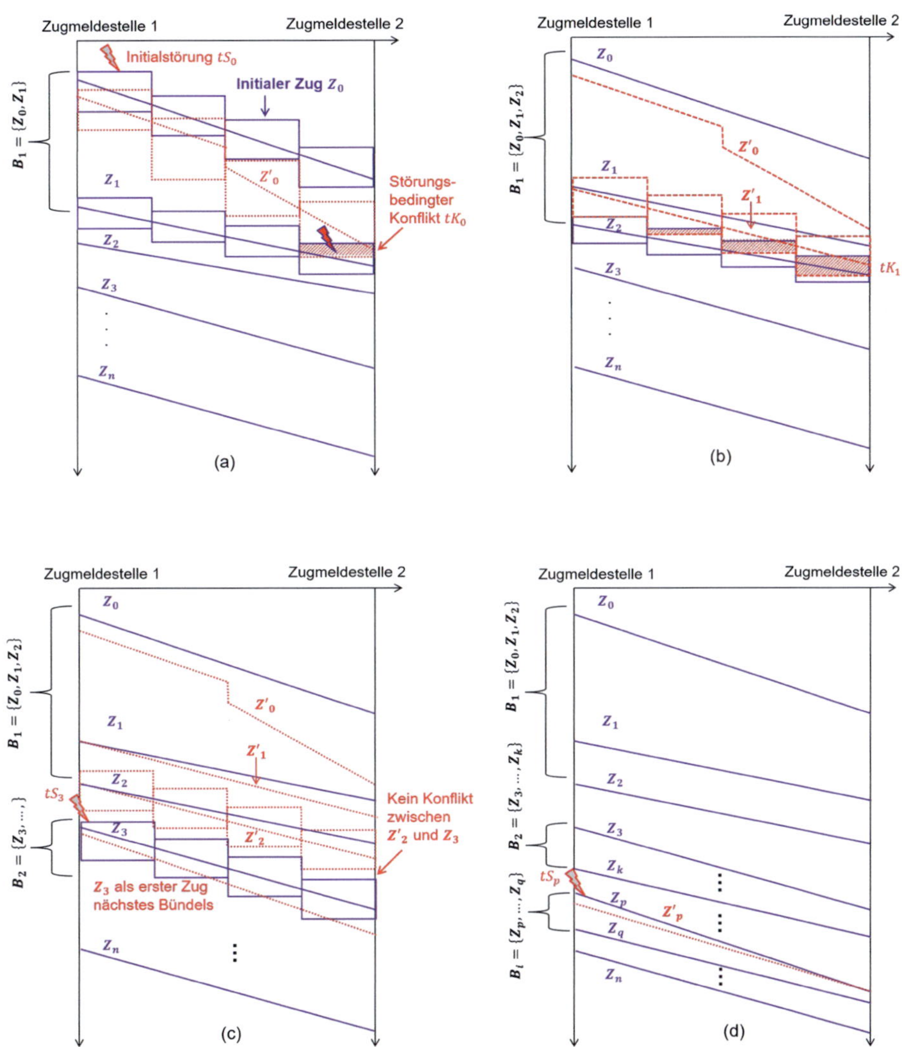


**Abbildung 2-26: Prozess zur Bildung von Trassenbündeln**

## Schritt 1: Bestimmung eines initialen Zugs für ein Trassenbündel

Für die sämtlichen Züge in einem Auswertezeitraum soll zunächst ein Zug, ein soge-
nannter initialer Zug, ausgewählt werden, an dem der Prozess der Trassenbündelung
startet. Da die Wahrscheinlichkeit der gegenseitigen Behinderung zwischen zwei Züge
bei zunehmender Pufferzeit geringer wird, wird der Zug mit größter Pufferzeit zum vorausfahrenden Zug als initialer Zug festgelegt. Dabei werden die Pufferzeiten zweier

aufeinander folgender Züge basierend auf den Belegungszeiten (Sperrzeiten) berechnet. Bei der größten Pufferzeit werden die Zugfahrten in zwei Gruppen aufgeteilt. Der erste Zug jeder Gruppe dient als initialer Zug ($Z_0$ in Abbildung 2-26 (a)), mit dem der Vorgang des Bündelns startet. Wie in Abbildung 2-26 (a) wird das Trassenbündel $\boldsymbol{B_1}$ mit Zugfahrt $Z_0$ erstellt. Die folgenden Schritte zur Bildung von Trassenbündeln für die erste Gruppe werden für die zweite Gruppe in gleicher Weise durchgeführt.

**Schritt 2:    Anwendung vordefinierter Störungen auf den initialen Zug und Starten des Bündelns**

Für den initialen Zug ($Z_0$ ) werden vordefinierte empirische oder statistische Störungen $tS_0$ gemäß den Zugeigenschaften verwendet.

**Schritt 3:    Berechnung der neuen Zuglage des gestörten Zugs unter Berücksichtigung der vorhandenen Zeitzuschläge**

Durch die Störungen verschiebt sich die Sperrzeitentreppe des gestörten Zugs nach unten, sodass der nachfolgende Zug behindert werden kann. Wenn der Zug aber bereits Zeitzuschläge enthält, die für den Verspätungsabbau genutzt werden können, lässt sich die Verschiebung der Sperrzeitentreppe entsprechend reduzieren. Zur Ermittlung der neuen Zuglage des gestörten Zugs ($Z_0$) werden die durch die wirksamen Störungen verlängerten bzw. verschobenen Sperrzeiten aufgrund der Nutzung von verfügbaren Zeitzuschlägen verkürzt.

**Schritt 4:    Bestimmung der Pufferzeit zwischen der neuen Zuglage des gestörten Zugs und dem nachfolgenden Zug**

Mit der ermittelten neuen Zuglage von $Z_0$ wird die Pufferzeit zwischen $Z_0$ und dem nachfolgenden Zug $Z_1$ neu berechnet. Eine negative Pufferzeit zeigt einen störungsbedingten Konflikt ($tk_0$ in Abbildung 2-26 (a)) zwischen $Z_0$ und $Z_1$. Dann wird $Z_1$ dem Trassenbündel $B_1$ zugeordnet und der Vorgang wird mit Schritt 5 fortgesetzt. Sollte die Pufferzeit positiv sein, besteht trotz der Initialstörung kein Konflikt zwischen $Z_0$ und $Z_1$, und dieses Bündel endet mit $Z_0$. Das nächste Bündel wird mit dem nachfolgenden Zug als initialem Zug beginnend mit Schritt 2 gebildet.

**Schritt 5:    Fortsetzung des Vorgangs zur Bildung eines Bündels**

Der auftretende störungsbedingte Konflikt führt zu einer Verschiebung oder Verlängerung der Sperrzeiten der behinderten Zugfahrt (hier $Z_1$ in Abbildung 2-26 (b)). Die Wirkung der Behinderung auf die Sperrzeiten kann wiederum durch die Nutzung der vorhandenen Zeitreserven entsprechend verringert werden. Daraus ergibt sich die neue Zuglage des behinderten Zugs ($Z'_1$ in Abbildung 2-26 (b)). Anschließend wird die Pufferzeit zwischen der neuen Zuglage des behinderten Zugs (hier $Z_1$) mit der nachfolgenden Zugfahrt nach Schritt 4 berechnet. Anhand der Pufferzeit wird festgestellt, ob die nachfolgende Zugfahrt dem betrachteten Bündel zugeordnet oder der Vorgang des Bündelns für dieses Bündel bei dieser Zugfahrt beendet wird. Im Beispiel in Abbildung 2-26 (c)) behindert die neue Zuglage von $Z_2$ den nachfolgenden Zug $Z_3$ nicht mehr. Somit ist das Ende des Bündels für Bündel $B_1$: $\{Z_0, Z_1, Z_2\}$ erreicht.

Für die weitere Bearbeitung dient nun $Z_3$ als initialer Zug des nächsten Bündels $B_2$, für den wiederum eine initiale Störung angewendet wird. Durch die iterative Durchführung der Schritte 2 bis 5 werden sämtliche übrige Trassen gebündelt.

## 2.4.3    Ablauf des Prozesses zum Trassenbündeln mit der simulativen Methode

Gemäß dem oben beschriebenen Ansatz (Abschnitt 2.4.2) werden Trassenbündel für die Zugfahrten auf einem Streckenabschnitt zwischen zwei Zugmeldestellen gebildet. Für einen Eingangsfahrplan können auf diese Weise in einem beliebigen Zeitfenster Trassenbündel für den ganzen Untersuchungsraum oder ausgewählte Streckenabschnitte gebildet werden. Dabei werden die Infrastruktur und der Fahrplan zuerst in mehrere Streckenabschnitte zwischen benachbarten Zugmeldestellen aufgeteilt, und dieser Ansatz wird für jeden Streckenabschnitt angewandt. Aufgrund der hohen Komplexität der Infrastruktur und des Fahrplans eignet sich besonders eine simulative Methode zur Umsetzung, wie hier die Kombination des Simulationswerkzeugs RailSys (RMCon 2010) mit der Aus- und Bewertungssoftware PULEIV.

Der Ablauf des Verfahrens zur Bildung von Trassenbündeln für einen Fahrplan wird im Workflow in Abbildung 2-27 dargestellt.

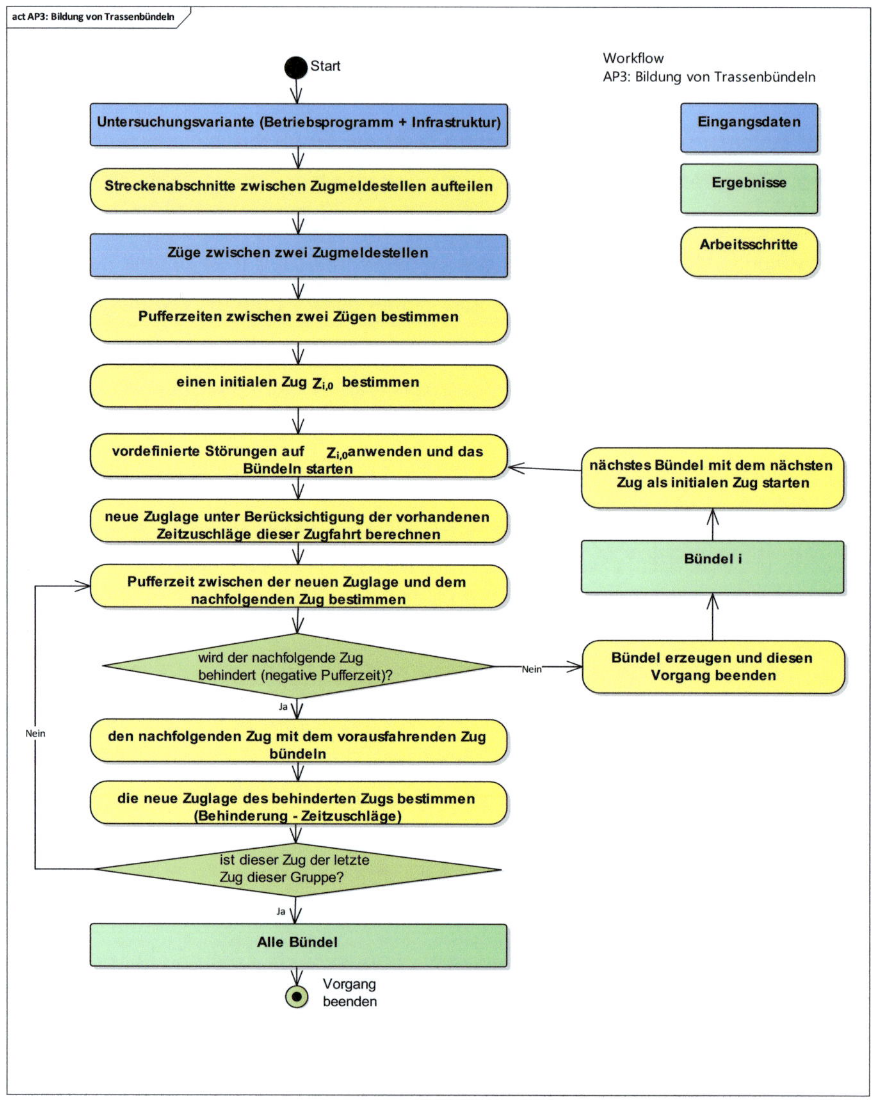


**Abbildung 2-27: Ablauf des Verfahrens zum Trassenbündeln**

Mithilfe von Simulationen werden die Infrastrukturdaten und die Belegungsinformationen (z.B. Zeitanteile und Sperrzeiten) der Zugfahrten auf einzelnen Belegungselementen ermittelt. Mit PULEIV wird die Infrastruktur in Streckenabschnitte zwischen Zugmeldestellen aufgeteilt. Für jeden Abschnitt werden die Belegungszeiten und Puffer-zeiten der dort stattfindenden einzelnen Zugfahrten in den Trassenbündeln berechnet. Die Berechnung der durch die angegebenen Störungen beeinflussten neuen Sperrzei-ten und die iterative Bestimmung der Abhängigkeit zwischen Zugfahrten zur Bildung von Trassenbündeln werden dann mithilfe von PULEIV durchgeführt.

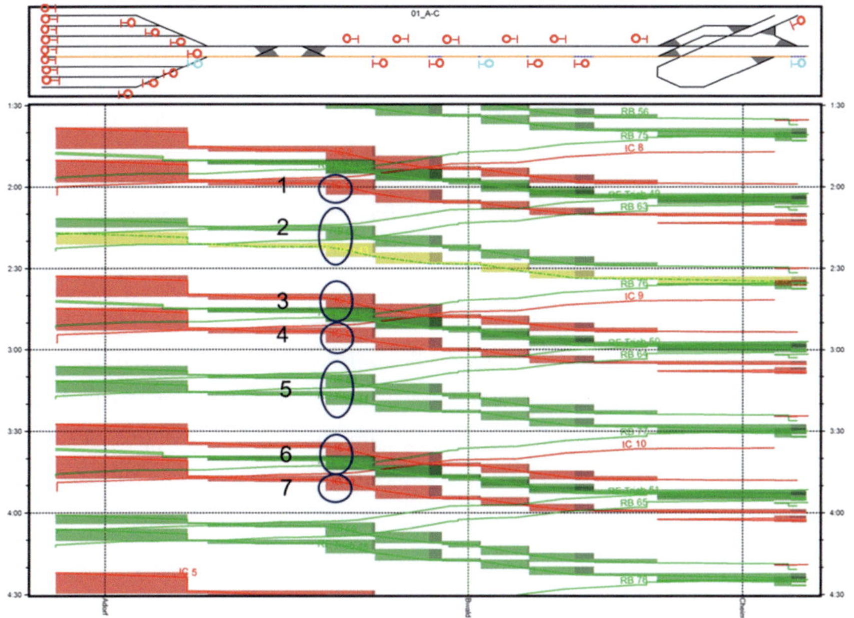

**Abbildung 2-28: Beispiel zum Trassenbündeln**

## 2.5  Ansatz zur trassenbündelbezogenen Minimierung des Zeitverbrauchs

In AP4 wurde ein methodischer Ansatz zur Minimierung des Gesamtzeitverbrauchs (Gesamtbelegungszeit + Gesamtpufferzeit) für jedes nach AP3 gebildete Trassenbün-del (Abschnitt 2.4) auf der Grundlage des in AP2 entwickelten funktionalen Zusam-menhangs (Abschnitt 2.3) erarbeitet.

Im Ergebnis wurden algorithmierte allgemeingültige Regeln zur örtlich / zeitlichen Be-messung von Fahrzeitzuschlägen und Pufferzeiten abgeleitet, die auch bei der Erstel-lung von Betriebsprogrammen im Rahmen der rechnergestützten Fahrplankonstruk-tion nutzbar sind. Für ein Betriebsprogramms lassen sich so Trassenbündel mit sich gegenseitig signifikant beeinflussenden Zügen bilden, innerhalb derer der Gesamtzeitverbrauch für Zeitzuschläge (ohne Reihenfolgeänderung der Züge) minimiert wurde.

Aufbauend auf den Ergebnissen dieses Arbeitspakets kann durch das Einlegen zusätzlicher (System-)Trassen ein vorhandenes oder erzeugtes Trassengefüge in ein hinsichtlich der Verteilung der Zeitzuschläge optimiertes Trassengefüge überführt werden, das die im Minimierungsprozess des Gesamtzeitverbrauchs gewonnenen Reserven bei gleicher Betriebsqualität ausschöpft und die Grundlage für die Belegung der Systemtrassen (ATRANS 2.2, Kapitel 4) und die Bewertung der Belegungen (ATRANS 2.1, Kapitel 3) bildet.

In diesem Abschnitt werden die Optimierungsaufgabe und deren Lösung beschrieben.

### 2.5.1 Optimierungsaufgabe bei der Bildung von Trassenbündeln

Das Ziel des Teilprojekts ATRANS 1 war es, zusätzliche Leistungsreserven auf vorhandenen Eisenbahninfrastrukturen durch die effiziente Gestaltung von Zeitreserven (Zeitzuschlägen und Pufferzeiten) während der Fahrplankonstruktion zu gewinnen, ohne dabei die definierte Betriebsqualität zu verringern. Zur Erreichung dieses Ziels werden zunächst die Zugfahrten im vorgegebenen Betriebsprogramm mit dem Verfahren in Abschnitt 2.4 zu geeigneten Trassenbündeln zusammengefasst. Um freie Zeitfenster für zusätzliche Trassen zu gewinnen, wird für die Zugfahrten in den jeweils gebildeten Trassenbündeln der minimale gesamte Zeitverbrauch bestimmt, indem die Summe der Zeitzuschläge und Pufferzeiten unter Beibehaltung einer definierten Betriebsqualität minimiert wird.

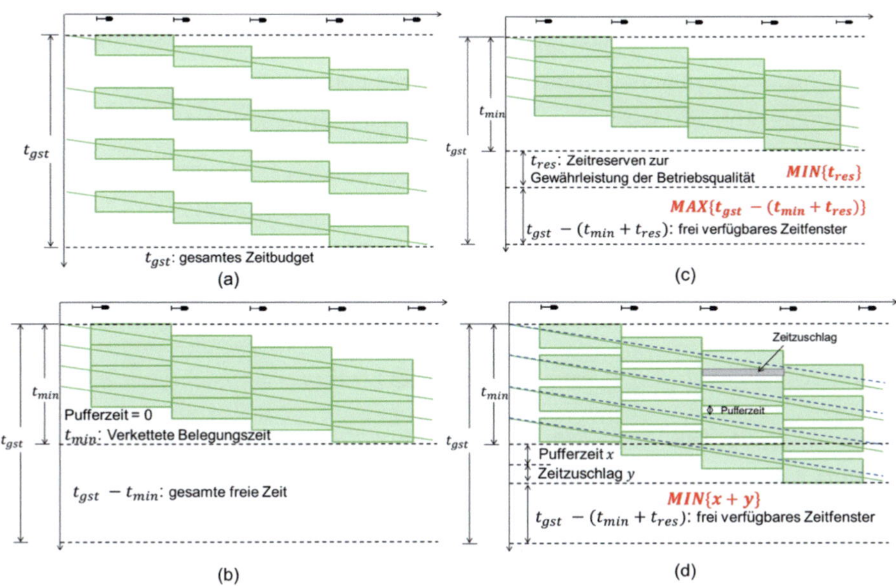



**Abbildung 2-29: Ansatz zur Minimierung des Zeitverbrauchs in Trassenbündeln**

Für ein zu optimierendes Trassenbündel (Eingangszustand) in Abbildung 2-29 (a) mit einem gesamten Zeitbudget $t_{gst}$ wird zunächst der minimale Zeitverbrauch $t_{min}$ bei verketteten Belegungen ermittelt, indem alle vorhandenen Zeitzuschläge und Pufferzeiten entfernt werden (Abbildung 2-29 (b)). Da bei der Zuglage mit verketteten Belegungen sogar minimale Unregelmäßigkeiten zu heftigen Behinderungen führen können, muss ein Teil der gesamten freien Zeit $(t_{gst} - t_{min})$ als Zeitreserven $t_{res}$ auf einzelne Zugfahrten als Zeitzuschlag sowie zwischen den Zugfahrten als Pufferzeit verteilt werden. Bei diesem Optimierungsproblem sind die zwei Parameter Pufferzeiten und Zeitzuschläge ($x$ und $y$) in der in Abschnitt 2.3 entwickelten Modellfunktion $g(x, y)$ unter Beibehaltung einer einzuhaltenden Betriebsqualität (Verspätungskoeffizient) $V_{ziel}$ zu optimieren. Das Ziel der Optimierung liegt darin, das Minimum der Summe von Pufferzeiten und Zeitzuschlägen $MIN\{x + y\}$ zu finden (Abbildung 2-29 (c)). Daraus ergibt sich das maximal freie Zeitfenster $MAX\{t_{gst} - (t_{min} + t_{res})\}$ zwischen den Trassenbündeln, das für zusätzliche Trassen verfügbar ist (Abbildung 2-29 (d)).

Da ein Trassenbündel durch zwei benachbarte Zugmeldestellen begrenzt wird, kann die betriebliche Situation ähnlich dargestellt werden, wie Zugfahrten auf einer freien Strecke (s.a. Untersuchungsszenarien 1 und 2 im Abschnitt 2.3.2). Aus diesem Grund kann die abgeleitete allgemeine Modellfunktion aus den Untersuchungsszenarien von freien Strecken gleichermaßen für Trassenbündel angewandt werden. Das definierte Optimierungsproblem lässt sich mathematisch folgendermaßen darstellen:

Die Zielfunktion $f(x, y)$ beschreibt die Summe der Pufferzeiten und Zeitzuschläge, für die das Minimum $MIN\{f(x, y)\}$ unter der Nebenbedingung $g(x, y) = V_{ziel}$ zu finden ist (siehe Abbildung 2-30). Dabei sind:

Zielfunktion: $f(x, y) = x + y$ $\hspace{2cm}$ **(2.5)**

Nebenbedingung: $g(x, y) = \dfrac{ln(vsp_{ur}+1)*h(y)}{x} + h(y) = V_{ziel}$ $\hspace{1cm}$ **(2.6)**

Dabei ist $V_{ziel}$ der Grenzwert des Verspätungskoeffizienten für eine definierte einzuhaltende Betriebsqualität.

Aus (2.6) lässt sich der Parameter $x$ durch den Parameter $y$ darstellen als:

$$x = \frac{ln(vsp_{ur} + 1) \cdot h(y)}{V_{ziel} - h(y)} \hspace{2cm} \textbf{(2.7)}$$

Dabei sind: $h(y) = b^{-(\frac{y}{Fz_{tec}} \cdot 100)}$ und $V_{ziel} > h(y)$

Vereinfacht sind: $m = ln(vsp_{ur} + 1)$; $n = V_{ziel}$; $l = \dfrac{100}{Fz_{tec}}$

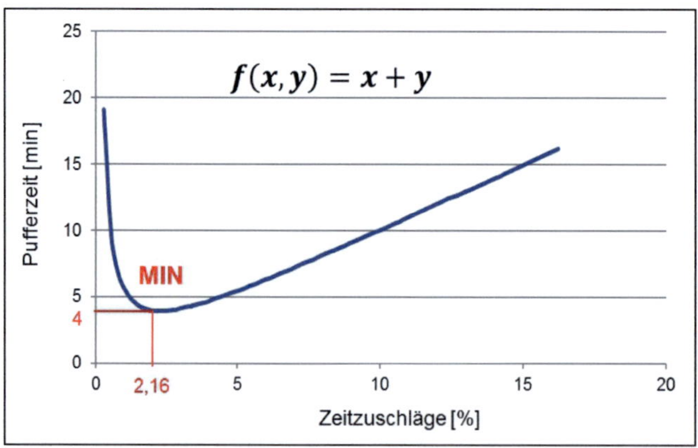


**Abbildung 2-30: Zielfunktion zur Bestimmung der minimalen Summe der Pufferzeiten und Zeitzuschläge**

Wird $x$ in der Zielfunktion (2.5) durch (2.7) ersetzt, kann die zweidimensionale Zielfunktion $f(x, y)$ in eine eindimensionale Zielfunktion $f(y)$ umgeformt werden ((**2.8**):

$$f(y) = \frac{m \cdot b^{-ly}}{n - b^{-ly}} + y \qquad (2.8)$$

Das Auffinden des Minimums gelingt durch Auffinden der Nullstellen der ersten Ableitung von $f(y)$:

$$f'(y) = \frac{-m \cdot n \cdot ln(b) \cdot b^{-ly}}{(n - b^{-ly})^2} + 1 = 0 \qquad (2.9)$$

Die Nullstellen ergeben sich aus der quadratischen Gleichung:

$$b^{-ly} = \frac{(m \cdot n \cdot \ln(b) \cdot l + 2n) \pm \sqrt{(m \cdot n \cdot \ln(b) \cdot l + 2n)^2 - 4 \cdot n^2}}{2} \qquad (2.10)$$

und $y \geq 0$;

Aus (2.10) sind zwei $y$ zu ermitteln; daraus errechnet sich $x$ mit der Formel (2.7). Dann ergeben sich zwei Werte von $f(x, y)$ aus (2.5), wobei der kleinere die Lösung dieses Optimierungsproblems ist. Für die Modellfunktion (2.4) in Abschnitt 2.3.3 ergibt sich die Lösung von $MIN\ \{f(x, y)\}$ bei einer Pufferzeit $(x)$ von 4 Minuten und einem Zeitzuschlag $(y)$ von 2,16% der reinen Fahrzeiten.

## 2.5.2 Prozess zur Optimierung von Fahrplänen

Ein gegebener Fahrplan (vorhandenes Trassengefüge) wird nach dem Ablauf in Abbildung 2-31 optimiert, indem die Infrastruktur in Streckenabschnitte aufgeteilt und das Optimierungsverfahren (Abschnitt 2.5.1) für jeden der aufgeteilten Streckenabschnitte durchgeführt wird. Aufgrund der hohen Berechnungskomplexität wird ein synchrones Simulationsverfahren mit dem Simulationswerkzeugs RailSys (RMCon 2010) zur Umsetzung des Algorithmus angewandt.

Im ersten Schritt werden die Infrastruktur und der Fahrplan im Simulationswerkzeug abgebildet. Mithilfe der Fahrplansimulation werden Betriebsabläufe und Belegungsinformationen protokolliert. Im nächsten Schritt „Eingangsfahrplan lesen" (Abbildung 2-32) wird der zu optimierende Fahrplanausschnitt definiert, und die Zugeigenschaften (Fahrwege und Zeitanteile) aller Züge im ausgewählten Auswertezeitraum werden zusammengefasst.

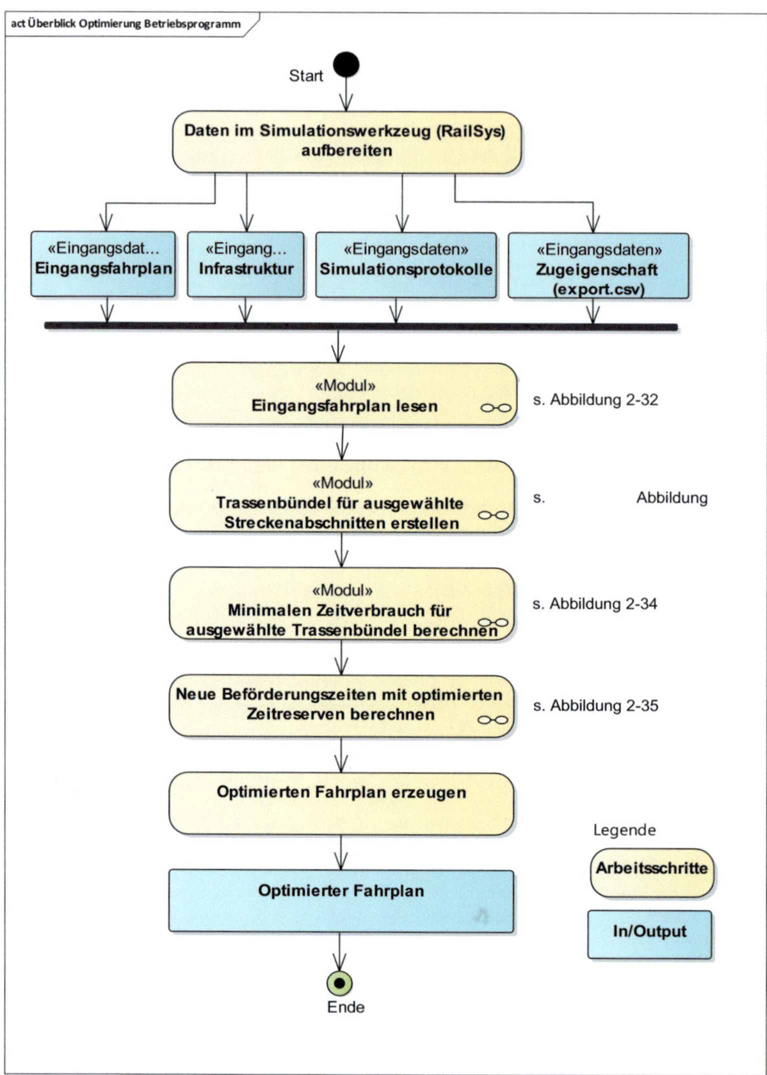


**Abbildung 2-31: Ablauf des Prozesses zur Optimierung von Fahrplänen**

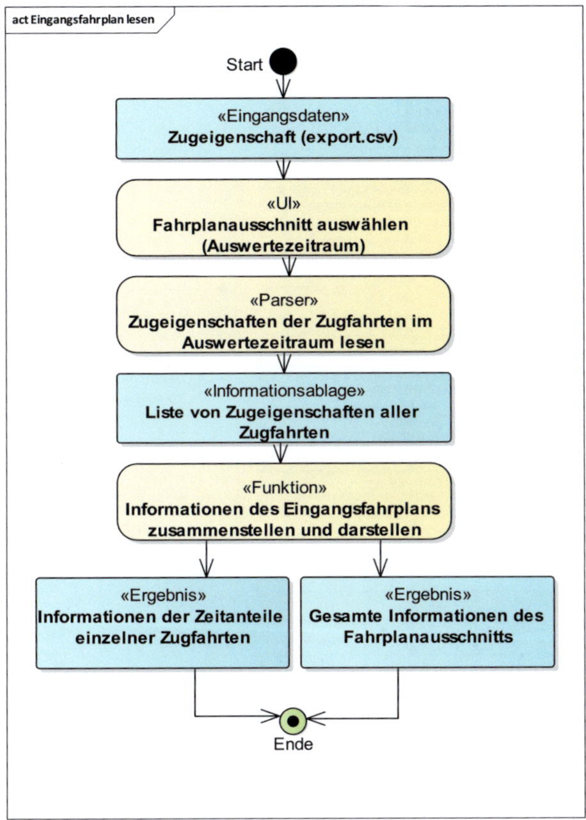


**Abbildung 2-32: Arbeitsschritt „Eingangsfahrplanlesen"**

Anhand der Informationen zu den Fahrwegen und Infrastrukturdaten wird die Infrastruktur im nächsten Arbeitsschritt „Trassenbündel für ausgewählte Streckenabschnitte erstellen" (siehe Abbildung 2-33) in mehrere Streckenabschnitte aufgeteilt. Für jeden Streckenabschnitt werden die Trassenbündel mit dem in Abschnitt 2.4 beschriebenen Verfahren erstellt.

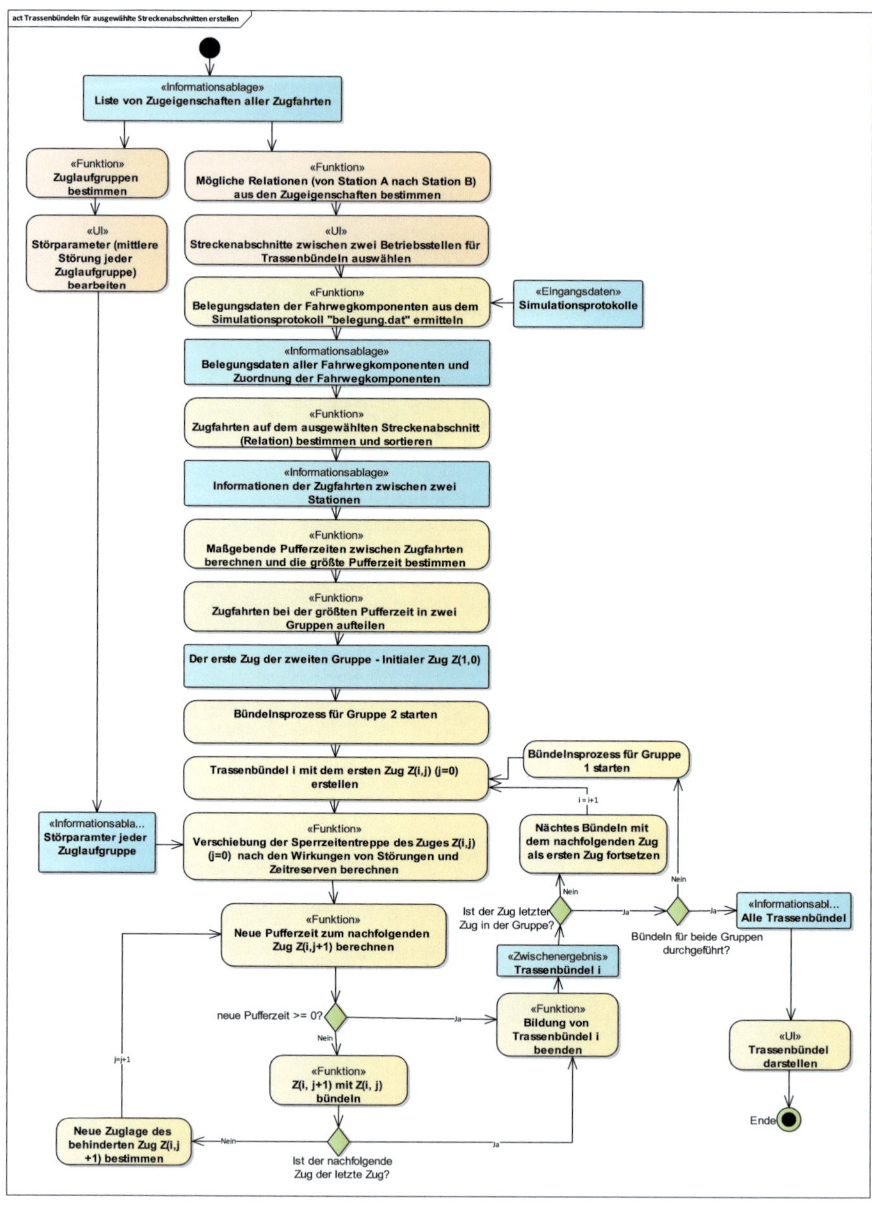



**Abbildung 2-33: Arbeitsschritt „Trassenbündel für ausgewählte Streckenabschnitte erstellen"**

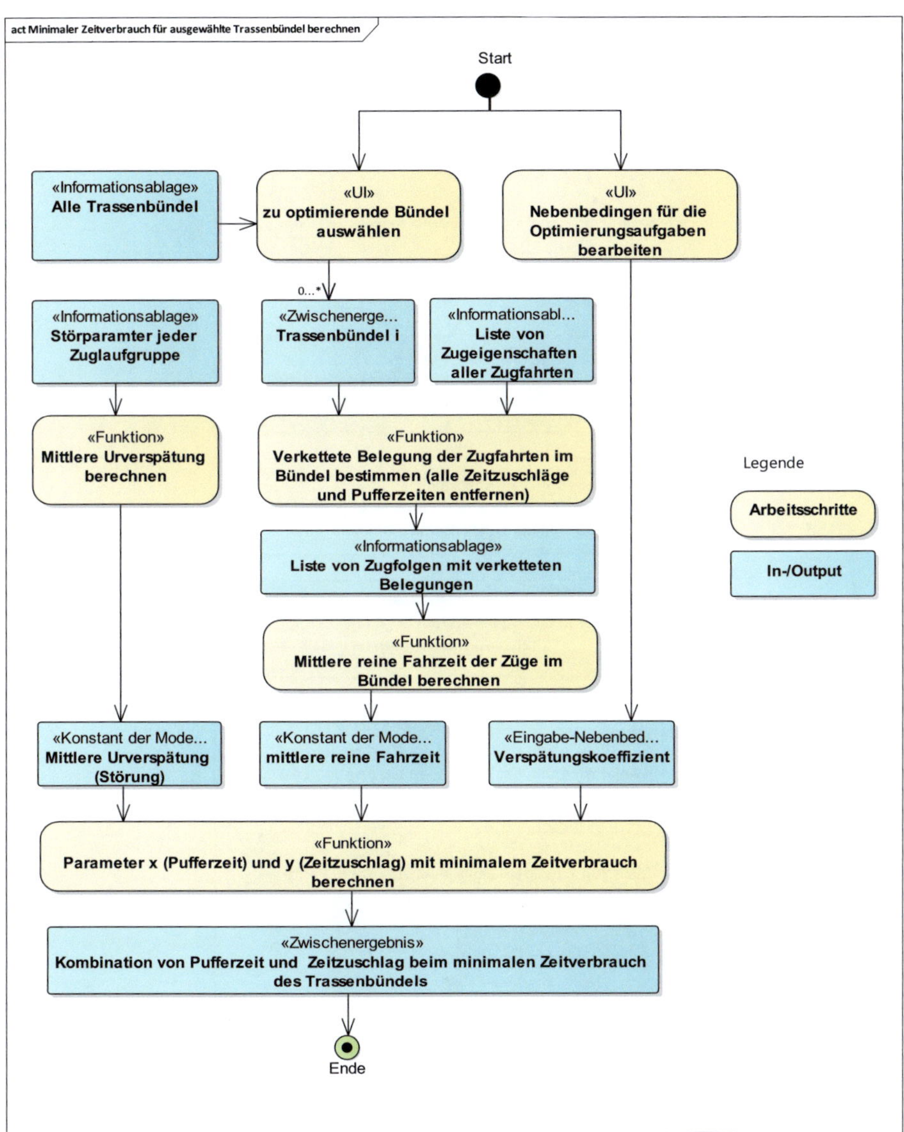


**Abbildung 2-34: Arbeitsschritt „Minimalen Zeitverbrauch für ausgewählte Trassenbündel berechnen"**

Für jedes zu optimierende Trassenbündel werden die Pufferzeiten und Zeitzuschläge für den minimalten Zeitverbrauch nach dem Optimierungsverfahren in Abschnitt 2.5.1 neu berechnet. Der Ablauf dieses Schritts wird in Abbildung 2-34 beschrieben. Mit den optimierten Pufferzeiten und Zeitzuschlägen in den Trassenbündeln werden die Zeitanteile (z.B. Abfahrtszeit, Ankunftszeit, Fahrzeit, Haltezeit usw.) im Eingangsfahrplan entsprechend angepasst (siehe Arbeitsabschnitt in Abbildung 2-35), daraus ergibt sich ein optimierter Fahrplan.

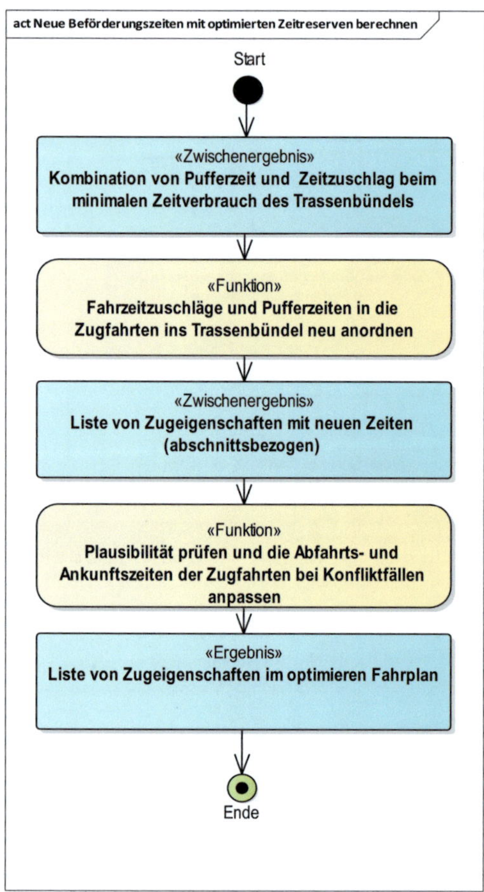


**Abbildung 2-35: Arbeitsschritt „Neue Beförderungszeiten mit optimierten Zeitreserven berechnen"**

## 2.6  Bewertung des Leistungsverhaltens

Mit den in den Abschnitten 2.3, 2.4 und 2.5 beschriebenen Ansätzen lassen sich die Zeitreserven in einem Eingangsfahrplan optimieren. Die Anpassung der Fahrzeitzuschläge und Pufferzeiten verändert das ursprüngliche Betriebsprogramm und beeinflusst damit auch das Leistungsverhalten. In diesem Arbeitspaket wurden die Einflüsse der Optimierung von Zeitreserven auf das Leistungsverhalten sowie insbesondere das Potential zur Kapazitätserhöhung durch die in AP4 gefundene optimierte Trassenbündelstruktur und die Betriebsqualität bewertet. In dem Beispiel in Abbildung 2-36 wurde ein Fahrplan mit artreinem Verkehr für einen Auswertezeitraum zwischen 0 und 4 Uhr optimiert. Im ursprünglichen Fahrplan (das obere Diagramm in Abbildung 2-36) sind keine Zeitzuschläge vorhanden, zwischen Zugfahren werden 60s Pufferzeiten eingefügt. Der Verspätungskoeffizient liegt bei 1,72, d. h. im Untersuchungsraum werden die ursprünglichen Eingangsverspätungen deutlich weiter aufgebaut. Nach der Optimierung mit den entwickelten Ansätzen wurden die Pufferzeiten auf 31 s reduziert und gleichzeitig ca. 4% Zeitzuschläge hinzugefügt. Die Untersuchungsergebnisse zeigen, dass durch diese Optimierung ein Zeitgewinn von 7:49 min geschafft wird. Gleichzeitig wird die Betriebsqualität mit einem Verspätungskoeffizienten von 0,89 nach der Optimierung deutlich erhöht.

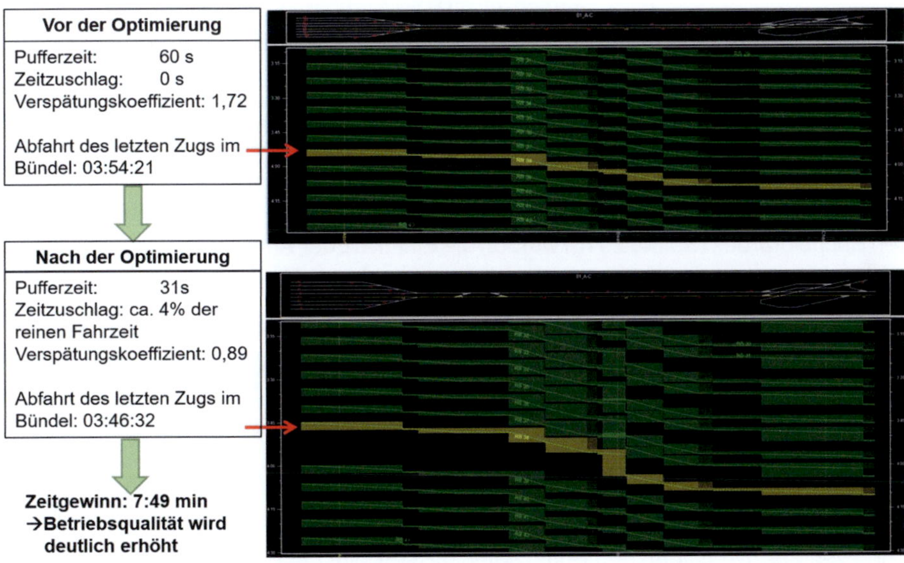


**Abbildung 2-36: Optimierung eines Fahrplans mit artreinem Verkehr**

Für ein anderes Beispiel in Abbildung 2-37 werden die Ansätze für einen Eingangsfahrplan mit Mischverkehr angewendet. Mit dem Optimierungsprozess entsteht ein optimierter Fahrplan mit Kapazitätsreserven von 1:50 min in einem Trassenbündel und erhöhter Betriebsqualität.

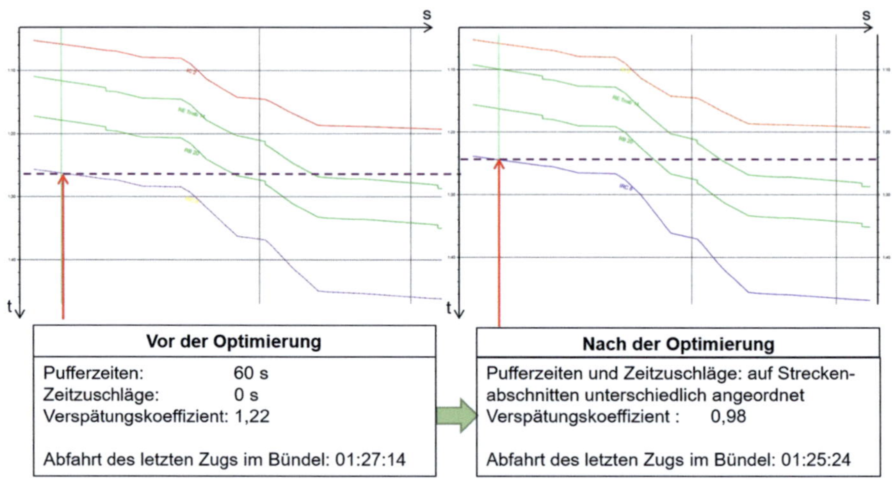



**Abbildung 2-37: Optimierung eines Fahrplans mit Mischverkehr**

Für die globale Betrachtung wurde in einer im Rahmen dieses Forschungsprojekts ausgearbeiteten Bachelorarbeit (Roos 2016) der Zusammenhang von Zeitzuschlägen und dem Optimalen Leistungsbereich (OLB) systematisch untersucht. In einer weiteren Bachelorarbeit (Salma 2016) wurden die Einflüsse der Anordnung von Zeitzuschlägen im Fahrplan auf die Ankunftsverspätung und Betriebsqualität untersucht, welche zusätzliche, über das hier beschriebene Forschungsvorhaben hinausgehende Erkenntnisse für unterschiedlichen Zielstellungen bei der Bewertung von optimierten Fahrplänen erbracht haben.

## 2.7 Ergebnisse des Teilprojektes ATRANS 1

Mit den im Teilprojekt ATRANS 1 entwickelten allgemeingültigen Regeln zur Bemessung von Zeitzuschlägen und Pufferzeiten, lassen sich die bisher im Fahrplan vorwiegend empirisch angegebenen Zeitreserven in Abhängigkeit von der gewünschten Betriebsqualität algorithmisch zielgerichtet so verteilen, dass unnötige Zeitverbräuche bei der Infrastrukturnutzung signifikant verringert werden. Der Ansatz ermöglicht auch eine lokalvariable Anordnung von Zeitzuschlägen unter Berücksichtigung abschnittsbezogener Zugfolgefälle und Urverspätungen. Für eine Optimierung können je nach Zielstellung unterschiedliche Nebenbedingungendefiniert werden, um entweder die Belastung unter Beibehaltung einer definierten Betriebsqualität zu erhöhen oder die Betriebsqualität bei einer unveränderten Belastung zu verbessern.

# 3 Analyse und Bewertung der Algorithmen zur hocheffizienten Belegung von angebotenen Trassen mit Nachfrage (ATRANS 2.1)

## 3.1 Einleitung zum Teilprojekt ATRANS 2.1

Dem gesellschaftlichen Konsens, mehr Verkehr auf die Schiene zu verlagern, stehen die knappen öffentlichen Haushalte für eine extensive Infrastrukturerweiterung (DB Netz AG 2013) (Girardet et al. 2014) sowie die hohe Bevölkerungsdichte und baulichen Randbedingungen entgegen. Zudem erfordern neue europäische und nationale, rechtliche Vorgaben ein neues Vorgehen bei der Fahrplanerstellung (Weiß et al. 2016).

Die heutige Fahrplanung ist ein manueller Prozess. Der Bearbeiter erfährt nur bei der Trassenvisualisierung sowie Datenspeicherung durch den Rechner Unterstützung (Beck 2014). Durch die Industrialisierung der Fahrplanung, die im Rahmen des Projektes neXt durch die DB Netz AG seit 2012 entwickelt wird (DB Netz AG 2013), kommt es zur Modifikation in der heutigen Fahrplankonstruktion. Diese Industrialisierung sieht v. a. im Bereich des Schienengüterverkehrs weitreichende Veränderung vor. Im Gegensatz zur frühzeitigen Planung des vertakteten Schienenpersonenverkehrs, die abgesehen von Charter- und Sonderzügen regelmäßig verkehren (Sebayang 2015), werden zurzeit die Güterverkehrstrassen in mühevoller Kleinarbeit auf Basis der Trassenanfragen, die verstärkt kurzfristig eintreffen, konstruiert. Dabei ist der Güterverkehr oft wesentlich flexibler in Hinsicht auf die Laufwegauswahl und der zeitlichen Lage als der Personenverkehr. Zusätzlich lassen sich die Fahreigenschaften von bis zu 80% der Güterzüge mithilfe weniger Klassen abbilden (Beck 2014), (Weigand 2012b). Die durch die DB Netz AG angestrebte Industrialisierung der Fahrplanung sieht eine klare Trennung zwischen Trassenerstellung und der flexiblen, kapazitätsschonenden Belegung vor (DB Netz AG 2013). Weiterhin sollen die Trassen standardisiert werden (Weiß et al. 2016).

Die Industrialisierung der Fahrplanung führt zum einen zu einer größeren Produktvielfalt für den Kunden (DB Netz AG 2013). Zum anderen ist die verringert sich die Bearbeitungszeit der Bestellung. Bisher muss ein Kunde 72 Stunden warten, bis er seine Zugfahrt antreten kann. Diese lange Bearbeitungszeit ist insbesondere im Vergleich zu Unternehmen mit LKW-Flotten, die theoretisch jederzeit („Just-in-Time") ihre Fahrt beginnen können (Girardet et al. 2014), ein gravierender Nachteil. Abschließend sei die bessere Kapazitätsausnutzung zu erwähnen (DB Netz AG 2013).

Die genannten Vorteile führen zu einer Steigerung der Attraktivität des Schienengüterverkehrs. Des Weiteren verbessert sich die Qualität einer Zugfahrt durch den Abgleich verschiedener Fahrplanvarianten (DB Netz AG 2013). Kurzfristig können mit der neuen Planung Engpässe gelöst werden. Mittelfristig senken sich die Kosten insbesondere im Infrastrukturbereich. Gemäß der Deutschen Bahn AG wäre es möglich, einige Überholgleise mit Weichen und Flankenschutz abzubauen. Aufgrund des flüssigeren Ablaufs der Fahrplankonstruktionen führt dies zu weniger Zugüberholungen. Nachteilig ist die Kostenintensität dieser Maßnahme (Sebayang 2015).

Der neue Planungsprozess besteht aus zwei Schritten. Im ersten Planungsschritt, der bereits vor dem Eingang der konkreten Bestellung der Zugfahrt stattfindet, werden die standardisierten und harmonisierten Systemtrassen[2], auch industrialisierte Trassen genannt (DB Netz AG, 2013), auf vordefinierten Laufwegen im Güterverkehrsnetz, sogenannte Zuglaufabschnitte, in Hinblick auf Verkehrsprognosen vorkonstruiert. Dabei wird aufgrund des simultanen Einlegens[3] sowie des Optimierens der Trassen (DB Netz AG, 2013) die vorhandene Pufferkapazität zwischen den Konstruktionsknoten ausgenutzt, um möglichst viele Systemtrassen zwischen den bereits vorhandenen Trassen des Schienenpersonenverkehrs zu konstruieren. Im zweiten Planungsschritt werden die Systemtrassen entsprechend der Bestellung belegt und zu Trassen verknüpft. Bei Erreichen der Kapazitätsgrenze auf einem Laufweg können alternative Fahrwege ausgewählt werden. Die Belegungsverfahren spielen dabei eine entscheidende Rolle, wie Dr. Sandvoß, damaliger Vorstand Vertrieb und Fahrplan DB Netz AG, bereits sagte: „Intelligente Belegungsverfahren sind ein wichtiger Hebel für mehr Kapazität und Wachstum im Schienengüterverkehr" (Nachtigall et al. 2014) (Weiß et al. 2016).

Die betrachtete Verfahrensweise der zweistufigen Trassenvergabe ist dabei nicht auf Deutschland bzw. das Netz der DB Netz AG beschränkt. Neben Deutschland ist die

---

[2] Systemtrassen sind Trassensegmente, die nach Parametern wie Zeit, Strecke, Zuglänge, Traktion, Gewicht oder Geschwindigkeit erstellt werden (DB Netz AG, 2013).

[3] Weitere Informationen folgen in Kapitel 3.3.

netzweite Trassenvergabe über vorkonstruierte Systemtrassen jedoch bislang nur in der Schweiz vorgesehen.

Auf Basis dieser neuen Entwicklung hat sich eine Projektgruppe der Deutschen Forschungsgesellschaft (DFG), bestehend aus der Universität Stuttgart, der TU Darmstadt und der TU Dresden, unter der Bezeichnung ATRANS (Anforderungsgerechte Trassenstrukturen und deren Belegung im Netz von Schienenbahnen) gebildet. Der Fokus richtet sich auf die qualitäts- und ertragsoptimale, taktische Verknüpfung und Belegung von Teilsystemtrassen im Güterverkehr. Hierdurch soll die stark schwankende Nachfrage mit den vorgefertigten Teiltrassen zu Zugfahrten unter Einbeziehung einer Qualitätsbewertung verknüpft werden (Weiß et al. 2016).

Zielstellung des Dresdener Teilprojektes ATRANS 2.1 ist die Ermittlung von wissenschaftlichen Kenngrößen zur Bewertung von Trassen und Trassensystemen zur Analyse und Verbesserung der Planstabilität, Qualität und Robustheit der Belegungslösung (Streizig et al. 2016). Hierfür gilt es, die vorhandenen sowie neuen Belegungsverfahren mithilfe einer Literaturrecherche sowie die Anforderungen an diese Verfahren zu ermitteln. Um die relevanten Belegungsverfahren besser zu verstehen, wird vorher die Zuweisung von Trassen insbesondere in Deutschland dargestellt. In Kapitel 3.4 werden die Kenngrößen zur Bewertung der Belegungslösungen identifiziert. Dabei ist die Diskriminierungsfreiheit der einzelnen Trassenbesteller im besonderen Maße zu beachten (vgl. Kapitel 3.5). Die erzielten Kenngrößen sind für die Zukunft des Trassenmanagements unabdingbar und für die Weiterentwicklung und Effizienzsteigerung des transeuropäischen Schienengüterverkehrs zwingend notwendig. Für die Qualitätsbewertung gilt es in Kapitel 3.7 ein Simulationstool zu adaptieren, welches eine Sensitivitätsanalyse (s. Kapitel 3.8) der neu zu ermittelnden eisenbahnbetriebswissenschaftlichen Kenngrößen erst ermöglicht.

## 3.2 Zuweisung von Trassen

Das deutsche Schienennetz besteht überwiegend aus Mischstrecken, die von verschiedenen Verkehrsarten mit unterschiedlichen Geschwindigkeiten genutzt werden. Zu diesen Verkehrsarten zählen der Schienenpersonennahverkehr, der Güterverkehr sowie der Schienenpersonenfernverkehr (Holzhey 2010). Diese Verkehrsarten, auch Produkte genannt, werden zu Zugfahrten konkretisiert und von Eisenbahnverkehrsunternehmen bei den Eisenbahninfrastrukturbetreibern bestellt (Schaer et al. 2006).

Im Eisenbahnrecht existieren zwei Verfahren zur Zuweisung von Trassen. Überwiegend findet die Trassenzuweisung im Rahmen des Netzfahrplanes statt. Der grobe Ablauf der Netzfahrplanerstellung ist in der Anhang VII Richtlinie 2012/34/EU beschrieben. Darin werden Rahmenbedingungen vorgeschrieben. Die genaue Ausgestaltung obliegt den Mitgliedsstaaten (Schaer et al. 2006). Alle notwendigen Vorgaben und Verfahren für Deutschland befinden sich, insbesondere im Hinblick auf Trassennutzungskonflikte, in §52 Eisenbahnregulierungsgesetz (ERegG). Außerhalb der Erstellung des Netzfahrplanes sind auch Bestellungen möglich. Beide Vorgehensweisen werden durch das Eisenbahninfrastrukturunternehmen abgewickelt (Wendt 2012). Eine weitere Diskussion des rechtlichen Rahmens für die Zuweisung von Trassen über die hier dargestellten prozessualen Aspekte hinaus erfolgt in Kapitel 3.5.

### 3.2.1 Trassenanmeldungen für die Netzfahrplanerstellung

Gemäß Eisenbahnregulierungsgesetz sowie Schienennetz-Benutzungsbedingungen gestaltet sich das Zuweisungsverfahren, welches in Abbildung 3-1 dargestellt ist[4], sowohl für den Güterverkehr als auch den Personenverkehr im Netzfahrplan in Deutschland wie folgt (Dubrau 2016):

- Die vorläufigen, grenzüberschreitenden Trassen müssen mindestens 11 Monate vor Beginn des neuen Netzfahrplans $(T_4)$ mit allen betroffenen Eisenbahninfrastrukturunternehmen bestimmt werden $(T_1)$.

- Die Eisenbahninfrastrukturunternehmen geben daraufhin für die Einreichung der Trassenbestellungen der Zugangsberechtigten einen Zeitraum von mindestens einem Monat bekannt $(I_1)$. Nach dem Einreichen der Bestellung erfolgt das individuelle Einlegen aller fristgerecht eingegangenen Trassen, d. h. die Erstellung des Netzfahrplans (Nachtigall und Opitz 2014). Es besteht nach Artikel 45 (1) Richtlinie 2012/34/EU die Pflicht jedem Trassenwunsch stattzugeben. Bei der Belegung kann es zu Trassenkonflikten kommen. Wollen beispielsweise 2 Eisenbahnverkehrsunternehmen je einen Zug von Ort A nach Ort B verkehren lassen und die gewünschten Trassenlagen sind identisch oder zeitlich kleiner

---

[4] Die gezackten Bereiche der Linie bedeuten, dass die Zeitpunkte bzw. Intervalle zeitlich nicht aneinandergrenzen müssen.

als das technisch realisierbare Minimum inklusive notwendiger Pufferzeiten, liegt ein Konflikt vor. Gründe für die Entstehung von Konflikten sind gemäß DB Richtlinie 402 u. a. die folgenden:

- o Überlagerung von Sperrzeitentreppen,
- o Überlagerung von Gleisbelegungen in Knoten,
- o Begegnungsverbote zwischen bestimmten Zugarten und
- o besondere Bedingungen bei der Beförderung von außergewöhnlichen Transporten oder Gefahrgut.

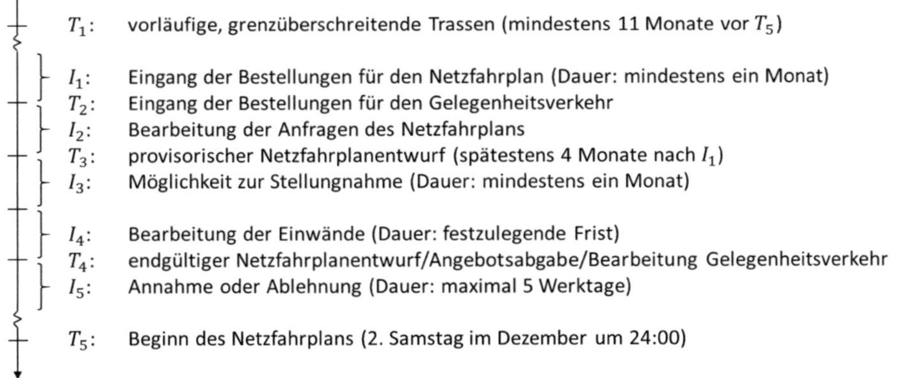


**Abbildung 3-1:** **Zeitlicher Ablauf der Trassenzuweisung für den Netzfahrplan und im Gelegenheitsverkehr gemäß ERegG**

- Die DB Netz AG als Eisenbahninfrastrukturunternehmen, welche für einen großen Teil der Infrastruktur verantwortlich ist, besitzt insbesondere in Hinblick auf die Vermeidung von Konflikten gemäß Schienennetz-Benutzungsbedingungen die folgenden Konstruktionsspielräume bei der Trassenbelegung, die für jede Wunschabfahrtszeit gelten:

  - o Im Personenverkehr ist eine Abweichung von 3 min (30 min) erlaubt.
  - o Im Güterverkehr ist eine Abweichung von 30 min zugelassen.

    - Hat der Zugangsberechtigte zusätzlich die Angabe zeitlich oder zeitlich und räumlich flexibel getätigt, erhöht sich der Konstruktionsspielraum auf $\pm 120$ min.

- Für Anwendung dieser Spielräume muss keine Rücksprache mit den Antragstellern getätigt werden. Zu den weiteren Lösungsmöglichkeiten für das Beheben eines Trassenkonfliktes nach DB-Richtlinie 402 gehören die folgenden:

  - Verändern des Fahrzeugtyps,
  - Anbieten alternativer Trassen,
  - Verschieben oder Verlangsamen der Trasse,
  - Verlängern von Haltezeiten auf Unterwegsbahnhöfen oder
  - Verwenden von Überholungen.

- In großen Netzen kann es vorkommen, dass es trotz Ausnutzung der Konstruktionsspielräume zu Konflikten zwischen Anfragen kommt. Deshalb müssen Verfahren zum Einsatz kommen, um einerseits den Konflikt der zeitlichen Überschneidung zu lösen und andererseits allen Bestellungen stattzugeben. Dieses Verfahren, welches in Artikel 46 Richtlinie 2012/34/EU beschrieben ist, besteht in Deutschland aus mehreren Verfahren. Die Ausgestaltung ist in § 52 ERegG beschrieben. Gemäß § 52 (6) ERegG muss der Ablauf des Verfahrens in den Schienennetz-Benutzungsbedingungen veröffentlicht werden (Cetin 2015). Weitere Informationen zum Verfahren befinden sich in Abschnitt 3.5.2.5.

- Spätestens 4 Monate nachdem alle Bestellungen eingegangen sind, muss das Eisenbahninfrastrukturunternehmen einen provisorischen Netzfahrplanentwurf erstellen ($T_2$).

- Alle Antragsteller haben daraufhin einen Monat Zeit, Stellung zu beziehen ($I_3$).

- Bei berechtigter Kritik leitet das Eisenbahninfrastrukturunternehmen, welches den Bearbeitungszeitraum $I_4$ festlegt, Maßnahmen ein. Dieses Unternehmen muss gemäß § 72 ERegG die voraussichtlichen Ablehnungen an die Regulierungsstelle melden, welche Änderungen nach § 73 ERegG ausarbeitet und diese an das Eisenbahninfrastrukturunternehmen weiterleitet. Nach der Einarbeitung dieser Änderungen steht der endgültige Netzfahrplanentwurf fest ($T_4$). Auf Basis des Entwurfes kann es zur Angebotsabgabe oder zur Ablehnung der Trassenbestellung, die der Regulierungsstelle gemeldet werden muss, durch die Eisenbahninfrastrukturunternehmen kommen.

- Hat der Trassenbesteller ein Angebot erhalten, muss er gemäß DB-Richtlinie 402 spätestens am fünften Werktag ($I_5$) nach der Angebotsabgabe die Annahme oder Ablehnung des Angebotes dem Eisenbahninfrastrukturunternehmen bekannt geben. Das Nutzungsrecht an einem Schienenweg ist gültig ab der Erklärung dieser Annahme und mit dem Erhalt der Fahrplanunterlagen (Schaer et al. 2006). Hat ein Besteller sein Angebot angenommen, hat das Eisenbahninfrastrukturunternehmen keinen Anspruch mehr auf die verwendeten Trassen (DB Netz AG 2010).

Die Kontrolle der Einhaltung der genannten Vorschriften zur Trassenzuweisung im Rahmen des Netzfahrplans übernimmt die Regulierungsstelle, welche bei Verstößen die Zuweisung als ungültig erklären kann (Weigand 2012a). Seit 2002 beginnt der Netzfahrplan in Europa, welcher nach Anlage 8 ERegG jährlich einmal angefertigt wird, einheitlich am 2. Sonntag im Dezember. Gründe hierfür sind die jährlich veränderten Nachfragen im Personenverkehr aufgrund der Abhängigkeit von den Finanzmitteln des Bundes und der Länder sowie im Güterverkehr die geforderte Flexibilität (Schaer et al. 2006).

## 3.2.2 Sonstige Trassenanmeldungen

Zu den sonstigen Trassenbestellungen, die auch als Gelegenheitsverkehr bezeichnet werden und nicht während des Zeitraumes $I_1$ (vgl. Abbildung 3-1) eingehen, zählen gemäß Schienennetz-Benutzungsbedingungen bzw. § 56 ERegG die Folgenden (Dubrau 2016):

- Änderungsanmeldungen zu Trassen des Netzfahrplans und des Gelegenheitsverkehrs,
- Anmeldungen als Gelegenheitsverkehr (nicht fristgerecht) und
- Stornierungen von Bestellungen des Netzfahrplanes oder des Gelegenheitsverkehrs.

Zu den Stornierungen gehören Verkürzungen des Weges, Änderungen, die zu einem niedrigeren Entgelt führen, Abbestellung einer Trasse oder einer Teilstrecke dieser.

Gemäß der DB Netz AG gehen bereits nach dem Zeitraum $I_1$ Bestellungen für den Gelegenheitsverkehr ein ($T_2$). Direkt nach der Veröffentlichung des Netzfahrplans werden viele Anmeldungen des Netzfahrplans geändert. Die Bearbeitung der Bestellungen des Gelegenheitsverkehrs erfolgt gemäß DB-Richtlinie 402 einzeln nach dem Prinzip „first-in, first-out", sodass die Verfahren nach § 52 ERegG nicht verwendet werden (Dubrau 2016).

Gemäß DB-Richtlinie 402 gelten im Gelegenheitsverkehr folgende Fristen:

- Bestellungen einzelner Zugtrassen,
- Bestellungen einzelner Zugtrassen mit besonders aufwändiger Bearbeitung.

Diese Bestellungen sind nach DB-Richtlinie 402 anhand von **3** Maximalfristen gekennzeichnet, welche sich in Tabelle 3-1 befinden. „Bearbeitungsfrist" ist die Zeit für die Trassenbearbeitung bei der DB Netz AG. „Annahmefrist" stellt die Zeit für die Angebotsannahme durch den Zugangsberechtigten dar. Die Zeit für die Bekanntgabe des Fahrplans durch das Eisenbahninfrastrukturunternehmen an alle beteiligten Stellen wird als Frist „Fahrplanbekanntgabe" bezeichnet (Dubrau 2016).

| **Bestellung** | **Bearbeitungsfrist** | **Annahmefrist** | **Fahrplanbekanntgabe** |
|---|---|---|---|
| einzelner Zugtrassen | 48 h | 24 h | 1 h |
| Einzelner Zugtrassen mit besonders aufwändiger Bearbeitung | 4 Wochen | 1 Arbeitstag | 5 Arbeitstage |

**Tabelle 3-1:**     **Anmeldefristen des fristgerechten Gelegenheitsverkehrs nach DB Richtlinie 402**

Der Zugangsberechtigte kann nach DB-Richtlinie 402 bei der Anmeldung den Verzicht auf eine schriftliche Zustimmung (Verkürzung der Frist „Annahmefrist") erklären, sodass das Angebot als angenommen gilt, wenn es dem Zugangsberechtigte zugeht und dieser nicht unverzüglich widerspricht. Kommt es zur Änderung einer vollständig vorliegenden Anmeldung, beginnen gemäß DB-Richtlinie 402 die Fristen neu (Dubrau 2016).

## 3.3 Verfahren zur Trassenbelegungen

Bei der Belegung von Systemtrassen haben sich zwei methodisch unterschiedliche Verfahren herauskristallisiert. Zum einen können Systemtrassen sequenziell und zum anderen simultan belegt werden (Weiß et al. 2016).

Bei der sequenziellen Trassenbelegung werden die Nachfragen nacheinander abgearbeitet und unter Verwendung der zur Verfügung stehenden Restkapazität die Systemtrassen belegt. Die Optimierung der Fahrzeit erfolgt ausschließlich für die aktuell zu erfüllende Nachfrage. Diese Methode spiegelt im Wesentlichen das derzeitig angewendete manuelle Verfahren im Fahrplanungsprozess wider. Ein wesentlicher Nachteil ist die unausgeglichene Qualitätsverteilung, da für neue Nachfragen nur die zur Verfügung stehende Restkapazität vorhanden ist und somit die Qualität der Trassen bei Kapazitätsengpässen zunehmend schlechter wird (Weiß et al. 2016).

Die zweite Methode ist die simultane Trassenbelegung, bei der alle Trassenanfragen zugleich belegt werden. Somit erfolgt die Optimierung der Beförderungszeiten für alle Anfragen gleichzeitig ohne wesentliche Benachteiligung bestimmter Anfragen. Außerdem können Abhängigkeiten zwischen Teilsystemtrassen vermieden sowie eine marktgerechte Optimierung des Fahrplans erreicht werden. Abbildung 3-2 verdeutlicht den Unterschied zwischen den Methoden anhand von drei Bestellungen (Weiß et al. 2016).

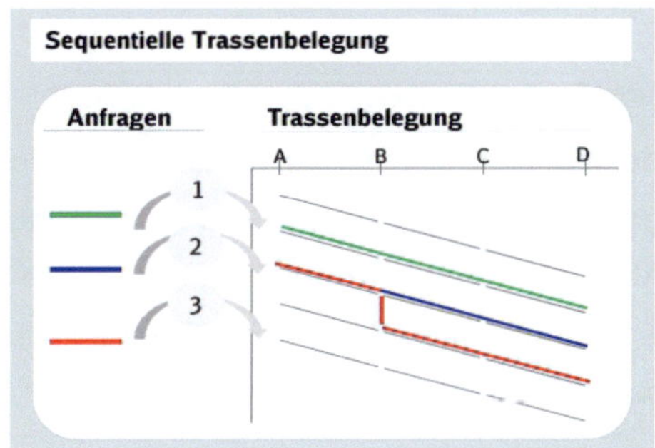


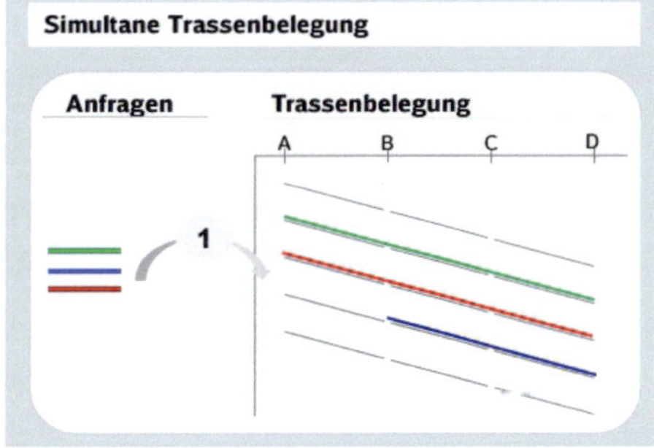


Abbildung 3-2:   Beispielhafter Vergleich zwischen sequenzieller und simultaner Trassenbelegung (Pöhle 2015)

Eine Literaturrecherche zur automatischen simultanen Vergabe von Fahrplantrassen im Güterverkehr offenbart zwei grundlegend verschiedene Ansätze: Zum einen gibt es verschiedene Ansätze zur direkten Erzeugung individueller nachfragespezifischer Trassen. Zum anderen gibt es Ansätze zur hier betrachteten zweistufigen Trassenvergabe, also der automatischen Berechnung von Systemtrassen und der anschließenden automatischen Belegung von Systemtrassen.

Ansätze zur direkten Berechnung individueller Trassen sind beispielsweise zu finden bei (Cacchiani et al. 2010), (Borndörfer et al. 2006; Borndörfer und Schlechte 2007; Schlechte 2012; Borndörfer et al. 2014), (Fabris et al. 2014). Ein Überblick über die verschiedenen Fragestellungen der Fahrplanoptimierung geben (Törnquist 2006) (Cachiani und Toth 2012) (Caimi et al. 2017).

Demgegenüber steht als einziges bekanntes Verfahren zur Belegung vorkonstruierter Systemtrassen das Programmsystem OpSysTra (OPtimierte SYStemTRAssen) von Nachtigall (vgl. (Nachtigall und Opitz 2013), (Nachtigall et al. 2014), (Nachtigall und Opitz 2014)), (Feil und Pöhle 2014). Voraussetzung zur vollständigen Automatisierung der Trassenzuweisung sind dann Verfahren zur automatischen Berechnung von Systemtrassen (Großmann et al. 2013) (Weiß et al. 2014)

Das Verfahren von (Oetting und Streitzig 2017), welches im Rahmen von ATRANS 2.2 entwickelt wurde, nimmt dabei eine Sonderstellung ein.

Zum Vergleich und zur Bewertung der Belegungsverfahren sind dabei Anforderungen an die automatische Trassenbelegung zu formulieren.

3.3.1     Anforderungen an die Belegung von Systemtrassen

Als Teil des komplexen Systems des Eisenbahnbetriebs sind bei der Trassenbelegung zahlreiche Anforderungen zu berücksichtigen, diese wurden unter Berücksichtigung von Erkenntnissen aus dem Projekt ATRANS 2.2 entwickelt. Dabei wurden verfahrensspezifische Anforderungen der Beschreibung und Diskussion des im Rahmen des Projekts ATRANS 2.2 entwickelten Verfahrens zugeordnet.

Entsprechend des Prozessablaufs (vgl. Kapitel 3.1) sind Schnittstellen zum Import der zu belegenden Systemtrassen sowie für die Eingabe der Trassenbestellungen erforderlich. Ebenso ist die Ausgabe der Trassenbelegungen erforderlich.

Des Weiteren ist die prozessuale Struktur der Trassenvergabe zu beachten, also die Aufteilung der Trassenvergabeprozesse in Netzfahrplan und Gelegenheitsverkehr (vgl.

Kapitel 3.2). Dabei ist zu beachten, dass die Trassenbestellungen für eine beliebige Menge (zukünftiger) Verkehrstage innerhalb der aktuellen Netzfahrplanperiode erfolgen. Auch wenn typische Verkehrstagesmuster dominieren, so sind diese nicht erforderlich und deshalb nicht zwangsläufig vorhanden. Dabei sind folglich Zeiträume bis zu einem Fahrplanjahr abzubilden. Zudem ist bei der Trassenvergabe für eine Bestellung über mehrere Verkehrstage anzustreben, an allen Verkehrstagen eine gleiche oder ähnliche Lösung zu erreichen. Die vollständige Berücksichtigung von Verkehrstagen ist nicht Gegenstand dieses Projektes. Jedoch erlauben die in Kapitel 3.7 und 3.8 beschriebenen Methoden und Werkzeuge die Untersuchung, welchen Einfluss zeitlich streuende Nachfrage auf die optimale Belegungslösung ohne Berücksichtigung der Harmonisierung mehrtägiger Trassenbestellungen hat.

Die Systemtrassenbelegung muss dabei im Einklang zum nationalen und europäischen Recht für die Zuweisung von Fahrplankapazität erfolgen. Dieser Rechtsrahmen, bestehend insbesondere aus Richtlinie 2012/34/EU und Eisenbahnregulierungsgesetz (ERegG) wird in Kapitel 3.5 detailliert beschrieben. Allgemeine Grundsätze sind dabei die diskriminierungsfreie und transparente Trassenzuweisung sowie die effektive Nutzung von Kapazität.

Trassenbestellungen umfassen minimal einen Start- und Zielpunkt sowie eine Abfahrts- oder Ankunftszeit am Start bzw. Ziel sowie optional weitere Angaben zum Laufweg. Daneben werden die betrieblichen und technischen Anforderungen der Zuggarnitur (Zuglänge, -masse, elektrische Traktion, Streckenklasse, Lichtraumprofil, Bremsvermögen usw.) vom Trassenbesteller vorgegeben (Schaer et al. 2006). Anhand dieser Angaben ist bei der Systemtrassenbelegung zu prüfen, ob die jeweilige Systemtrasse für eine konkrete Trassenbestellung genutzt werden kann. Im Sinne einer effizienten Kapazitätsausnutzung ist die Belegung von Systemtrassen auf Teilabschnitten zu ermöglichen.

In Deutschland wird mit der Fahrplanung grundsätzlich das Ziel eines mikroskopisch konfliktfreien Fahrplans verfolgt (Schaer et al. 2006). Dies bedeutet im Sinne der Systemtrassenbelegung, dass Systemtrassen nicht mehrfach belegt werden dürfen bzw. bei miteinander in Konflikt stehenden Systemtrassen nur eine der konfliktären Systemtrassen belegt werden darf.

Zur optimalen Zuteilung von Systemtrassen ist die Formulierung einer geeigneten (effizient abbildbaren) Zielfunktion erforderlich, die auch Kriterien zum Vorrang bei der Lösung von Konflikten berücksichtigt. Dies ist anhand folgender Kriterien möglich.

Aufgrund der gesetzlichen Vorgaben zur effizienten und diskriminierungsfreien Trassenvergabe ist die Maximierung der Anzahl erfüllbarer Anfragen anzustreben (§ 44 (2) ERegG). Dabei sind, sofern nicht alle Trassenbestellungen erfüllt werden können, verschiedene Kriterien zur Wichtung der Trassenbestellungen gegeneinander möglich. Das ERegG sieht dabei eine starre Prioritätenfolge anhand der Verkehrsart (inklusive der Unterscheidung zwischen grenzüberschreitendem und Binnenverkehr) vor, sowie nachrangig die Höhe das Trassenpreises (vgl. Abschnitt 3.5.2.5). Der Prioritätenfolge ist jedoch ein manuelles Koordinierungsverfahren zwischen den verschiedenen Beteiligten vorangestellt (vgl. Abschnitt 3.5.2.5).

Bei der Vergabe von vorkonstruierten Katalogtrassen für grenzüberschreitende Güterzüge auf den europäischen Güterverkehrskorridoren erfolgt eine Wichtung der Trassenbestellungen nach dem Prioritätsgrad. Dieser ist ein Produkt aus der Gesamtlänge des Laufwegs und der Anzahl der Verkehrstage des Zugs (RailNetEurope 2016).

Können die Trassenanfragen unter Einhaltung der Anforderungen zu Abfahrts- und Ankunftszeit nicht erfüllt werden, kann es jedoch sinnvoll sein, diese Restriktionen aufzulösen und die Abweichung von diesen Vorgaben zu minimieren, um das im Trassenvergabeprozedere in diesem Fall vorgesehene Verfahren zum Lösen von Konflikten (vgl. Abschnitt 3.5.2.5) zu unterstützen.

Aus Sicht des Eisenbahnverkehrsunternehmens ist über die Einhaltung der in der Trassenbestellung formulierten Kriterien hinaus die Maximierung der Trassenqualität (im Sinne einer Minimierung der Beförderungszeit, vgl. Abschnitt 3.4.1) von Interesse.

Aus Sicht des Eisenbahninfrastrukturunternehmens ist eine Maximierung des Trassengebührenerlöses interessant. Unter Annahme einfacher, im Wesentlichen von der Länge des Laufwegs abhängiger Trassenpreise, ist eine Beeinflussung der Erlöse jedoch nur durch die Erfüllung bzw. Nicht-Erfüllung bestimmter Trassenbestellungen oder die Verlängerung des Laufwegs zugeteilter Trassen durch Umwege möglich. Da letzteres den Interessen der Trassenbesteller widerspricht, kann dieses Kriterium nur so formuliert werden, dass Trassenbestellungen nach dem minimal möglichen Trassenpreis gewichtet werden (Nachtigall und Opitz 2013).

Da der Kapazitätsbegriff kein absoluter ist, sondern die Kapazität stets in Wechselwirkung mit der Betriebsqualität steht, ist eine ausreichende Betriebsqualität zu wahren. Die Steuerung der Betriebsqualität durch die Anpassung von Pufferzeiten und Fahrzeitzuschlägen wird im Projekt ATRANS 1 betrachtet.

Die reine Kombination einzelner Systemtrassen ergibt keine vollständige mikroskopische Trasse. Dies liegt darin begründet, dass die Trassenbestellungen nicht zwingend in den Knotenbahnhöfen beginnen und enden, in denen Systemtrassen beginnen bzw. enden. Daneben ist es in komplexeren Knoten nicht möglich bzw. zur Ausnutzung der Kapazität nicht sinnvoll, alle Systemtrassen in einen einzigen Bahnhof zu führen. Zur Erstellung einer mikroskopisch konfliktfreien Trasse über den Gesamt-Laufweg ist es daher erforderlich, die Systemtrassen durch weitere Trassenstück am Beginn und am Ende sowie zwischen den Systemtrassen im Knoten zu ergänzen. Diese Anforderung geht über die reine Belegung von Systemtrassen hinaus und ist als Gegenstand der weiteren Forschung zu sehen.

### 3.3.2 OpSysTra (Belegungen Anfragen zum Netzfahrplan)

Das Optimierungsverfahren OpSysTra wird von der DB Netz AG in Zusammenarbeit mit der TU Dresden entwickelt. Dieses Verfahren identifiziert für das Belegungsproblem eine simultane Lösung. Basis des Algorithmus ist ein LP (vgl. Abschnitt 3.8.1), welches die Lösungsmenge als binäre Entscheidungsvariablen abbildet (Nachtigall et al. 2014).

Die Zielfunktion der LPe (vgl. Abschnitt 3.8.1 Gleichung (1)) kann verwendet werden um die folgenden, unterschiedlichen Kriterien zu optimieren (Nachtigall und Opitz 2013):

- Maximierung der Anzahl an erfüllbaren Anfragen (analog zur Minimierung der Anzahl abgelehnter Anfragen),
- Maximierung des Umsatzes,
- Maximierung der Trassenqualität.

Die Qualität einer Trasse kann mithilfe des Beförderungszeitquotienten (BFQ, siehe auch Abschnitt 3.4.1), der das Verhältnis der Summe aus tatsächlicher Fahrzeit und Wartezeit zur theoretisch minimal notwendigen Beförderungszeit widergibt, gemessen werden. Die Minimierung des BFQ ist somit gleichzusetzen mit der Maximierung der Trassenqualität. Durch die Definition eines maximal zulässigen BFQ lässt sich eine Qualitätsgrenze der zu ermittelnden Trassen festlegen. Belegungen, die zu einer Trasse führen, deren BFQ höher ist als die festgelegte Grenze, werden nicht als Kandidaten in die Lösungsmenge aufgenommen (Nachtigall et al. 2014).

Neben der Zielfunktion definiert das OpSysTra zugrundeliegende mathematische Modell die folgenden 3 Nebenbedingungen: (Nachtigall und Opitz 2014)

- jede Trassenanfrage darf maximal einmal erfüllt werden (vgl. auch Abschnitt 3.8.1 Gleichung (2)),
- jede Systemtrasse darf maximal einmal belegt werden (vgl. auch Abschnitt 3.8.1 Gleichung (3)),
- die Anzahl der wartenden Züge darf die Kapazität im Knoten nicht überschreiten (vgl. auch Abschnitt 3.8.1 Gleichung (4)).

Zur Lösung des LPs wird auf das Verfahren der Spaltengenerierung, welches in Abbildung 3-3 dargestellt ist, zurückgegriffen. Dieses ist ein iteratives Optimierungsverfahren, welches ausgehend von einer Startlösung alternative Belegungen für eine Trassenanfrage generiert. Die Belegungen werden in das Modell aufgenommen, wenn sie zur Verbesserung des Zielfunktionswertes beitragen. Die Spaltengenerierung ermöglicht mittels Dualisierung des primalen LP die Berechnung einer oberen Schranke. Durch die Verwendung der Lagrange-Relaxation kann in jedem Iterationsschritt eine neue obere Schranke ermittelt und die Lösungsqualität beurteilt werden. Jeder Iterationsschritt verkleinert die Lücke zwischen der oberen Schranke und dem berechneten

Zielfunktionswert. Die Spaltengenerierung wird beendet sobald keine Verbesserung des Zielfunktionswertes mehr erfolgt (Nachtigall und Opitz 2013).

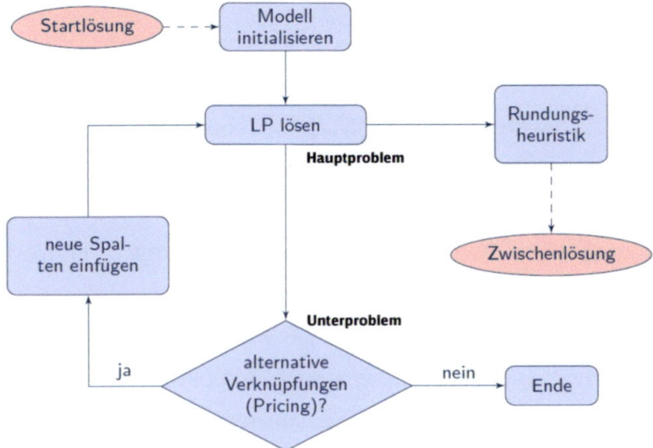


**Abbildung 3-3:** **Ablaufdiagramm der Spaltengenerierung (Nachtigall & Opitz, Modelling and Solving a Train Path Assignment Model, 2014)**

Zu den Vorteilen des Verfahrens zählen die folgenden, wobei insbesondere der dritte Punkt zu erwähnen ist (Weiß et al. 2016):

- jederzeit Verfügbarkeit einer Zwischenlösung,

- Optimierung großer Probleminstanzen, wie z. B. deutschlandweite Projekte, in geringerer Rechenzeit,

- Interpretation der berechneten reduzierten Kosten als Schattenpreise (s. Abschnitt 3.4.3).

Jede Nebenbedingung eines LPs hat genau einen Schattenpreis, da die Schattenpreise die Dualvariablen des Optimierungsproblems sind. Somit ergeben sich für OpSysTra drei relevante Schattenpreise (siehe Abschnitt 3.8.1 Gleichung (7)). Mithilfe der Schattenpreise können Aussagen über den Mangel einer durch die Nebenbedingung definierten Ressource getroffen werden. Ein hoher Schattenpreis entspricht einem hohen Gewinn, falls eine zusätzliche Einheit der entsprechenden Ressource vorhanden wäre (Pöhle 2015).

Die Eignung des Verfahrens zur Belegung von Systemtrassen wurde in praxisrelevanten Beispielen nachgewiesen und die Ergebnisse auf Plausibilität sowie Korrektheit validiert.

### 3.3.3 Verfahren zur Trassenbelegung aus Teilprojekt ATRANS 2.2

Das im Teilprojekt ATRANS 2.2 entwickelte Verfahren arbeitet ebenfalls simultan. Um die knappe Trassenkapazität genau zum gewünschten Zeitpunkt und mit den zwingend einzuhaltenden Nachfrageanforderungen (insbes. Verkehrshalte) anbieten zu können, werden die Systemtrassen gleichzeitig mit dem Einlegen der Züge konstruiert. Dadurch werden ein niedriger BFQ und eine hohe Kapazität erreicht. Der Aufwand für die Vorkonstruktion der Systemtrassen entfällt. Anhand der vorliegenden Trassenanfragen werden sowohl die Abschnitte für die Systemtrassenbildung (Kantenreihen) als auch BFQ-minimierend die Eigenschaften der Systemtrassen festgelegt. Daran schließen sich die räumliche (Engpassanalyse und -auflösung) und die zeitliche Konfliktlösung an [6]. Die Konfliktlösung zwischen konfliktären Trassenanfragen erfolgt im Hinblick auf die juristische Nachvollziehbarkeit heuristisch auf Basis der heute im Prozess etablierten und millionenfach angewendeten Regeln. Abbildung 3-4 verdeutlicht den Ablauf des heuristischen Ansatzes aus dem Teilprojekt ATRANS 2.2.

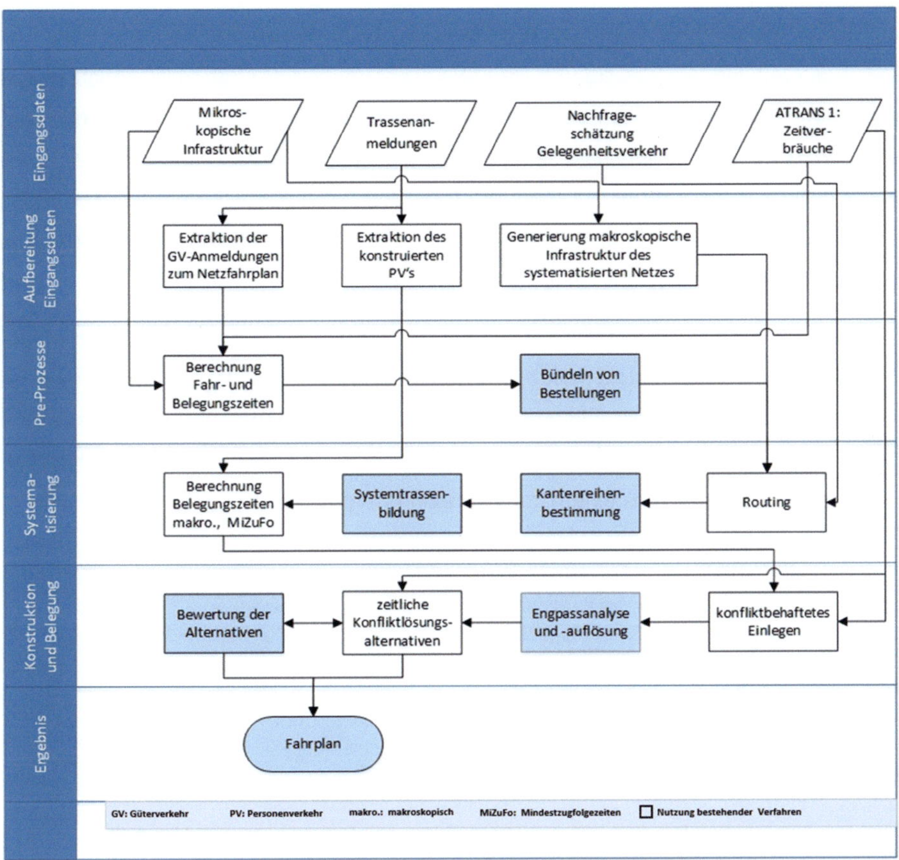


**Abbildung 3-4:  Grobablauf des Trassenbelegungsalgorithmus ATRANS 2.2**

Unter der Annahme, dass alle Trassenbestellungen im Voraus bekannt sind, werden diese zu Bündeln ähnlicher Trassenbestellungen zusammengefasst und auf einer makroskopischen Abstraktion der Eisenbahninfrastruktur geroutet. Die hieraus resultierenden Laufwege werden in Kanten zerlegt. Die Abgrenzung von Kanten erfolgt mindestens in allen Betriebsstellen, an denen Trassenbestellungen beginnen oder enden oder sich auf mehrere Strecken verzweigen. Es entsteht als ein Netz aus Kanten, die sich nicht überlappen, die aber sämtliche Routen der Trassenbestellungen abdecken. Diese Kanten werden anschließend zu Kantenreihen zusammengefasst. Dies erfolgt so, dass kleinere Unterschiede zwischen den Kanten vernachlässigt werden, aber dennoch die Freiheit von Überlappungen gewahrt bleibt.

Auf diesen Kanten erfolgt dann die Bildung von „Systemtrassen". Diese umfassen neben dem Laufweg der jeweiligen Kante eine (systematisierte) Fahrzeit, jedoch abweichend vom üblichen Trassenbegriff keine feste zeitliche Lage im Fahrplangefüge. Anschließend werden zur initialen Belegung des Netzes alle Trassenbestellungen unter Berücksichtigung der zuvor als „Systemtrasse" systematisierten Fahrzeit auf den zeitlich kürzesten Weg geroutet. Anhand dieser zeitlich kürzesten Routen werden ohne Beachtung von Zugfolgezeiten individuelle Trassen gebildet.

Die dabei zwangsläufig entstehenden Konflikte werden dabei in zwei Schritten aufgelöst: Zunächst werden mittels makroskopischer analytischer Verfahren (verketteter Belegungsgrad) Engpässe detektiert und ggf. durch Umleitung über alternative Laufwege gelöst. Anschließend erfolgt dann mikroskopisch eine Konflikterkennung und Konfliktlösung (KE/KL), welche zu einem konfliktfreien Fahrplan führt.

## 3.4    Bestimmung von Kenngrößen

Zur Bewertung von Trassen und Trassensystemen sowie zur Evaluierung von Betriebsstabilität, Wirtschaftlichkeit und Robustheit wurden eine Reihe von eisenbahnbetriebswissenschaftlichen Kenngrößen ermittelt, welche im Folgenden beschrieben werden.

### 3.4.1    Beförderungszeitquotient

Wie bereits in Abschnitt 3.3.2 beschrieben, ist der BFQ definiert als Quotient aus tatsächlicher Transportzeit und minimaler Transportzeit, wobei die minimale Transportzeit gleichzusetzen ist, mit der zeitkürzesten Transportzeit. Mithilfe des BFQ lassen sich Aussagen über die Qualität einer Trasse bzw. über eine Belegung treffen (Weiß et al. 2016). Dabei kann zusätzlich unterschieden werden zwischen Trassenbeförderungszeitquotient (T-BFQ) z. B. einer Teilsystemtrasse und den Belegungsbeförderungszeitquotienten (B-BFQ). Abbildung 3-5 zeigt beispielhaft den Unterschied zwischen T-BFQ und B-BFQ. In einem Netz sind 2 Teilsystemtrassen konstruiert die z. B. durch Fahrzeitanpassung einen BFQ von 1,3 statt 1,0 besitzen. Werden diese beiden Trassen ohne zusätzliche Haltezeiten zu einer Gesamttrasse verknüpft und belegt, ist der resultierende B-BFQ 1,0. Mithilfe des BFQ lassen sich somit direkte Aussagen über die Qualität einer Trasse (T-BFQ) bzw. über eine Belegung (B-BFQ) treffen.

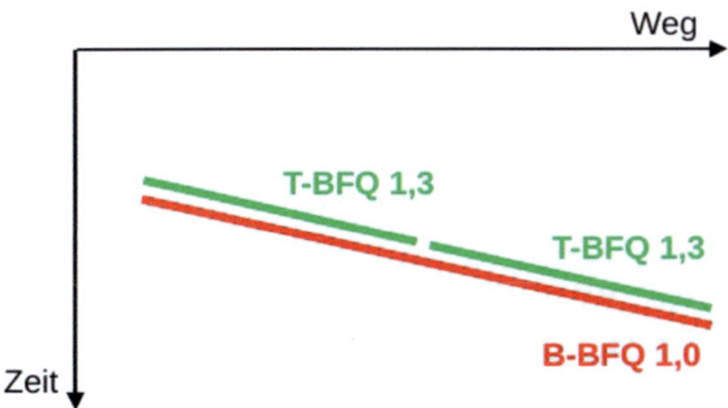


**Abbildung 3-5:    Darstellung des Unterschieds zwischen T-BFQ und B-BFQ**

### 3.4.2  Angenommene bzw. abgelehnte Trassenanfragen

Mithilfe der Anzahl der angenommenen Trassenanfragen, die mit der Anzahl der abgelehnten Trassenanfragen korreliert, können Aussagen über das Verhältnis von Angebot und Nachfrage getätigt werden. Werden viele Trassenanfragen abgelehnt, kann durch infrastrukturelle Maßnahmen das Angebot an Teiltrassen erhöht werden, sodass die Anzahl abgelehnter Trassenanfragen bei der Belegung reduziert wird (Weiß et al. 2016).

### 3.4.3  Schattenpreise

Die Schattenpreise resultieren aus dem Lösungsverfahren der Spaltengenerierung (s. Abschnitt 3.3.2 sowie 3.8.1) und beschreiben, gemäß Gabler Wirtschaftslexikon, die Kosten für „entgangene Erträge oder Nutzen im Vergleich zur Besten, nicht realisierten Handlungsalternative". In Hinblick auf das in OpSysTra verwendete Modell ergeben sich die folgenden Schattenpreise: (Weiß et al. 2016)

- Schattenpreis resultierend aus der Nebenbedingung (2) Abschnitt 3.8.1: Umso höher dieser Schattenpreis, desto schwieriger oder kostenintensiver ist diese Nachfrage zu befriedigen.
- Je größer der Schattenpreis, resultierend aus der Nebenbedingung (3) Abschnitt 3.8.1, desto höher ist die Nachfrage nach dieser Systemtrasse. Ist der Schattenpreis 0, wird die entsprechende Systemtrasse nicht nachgefragt.
- Der Schattenpreis aus der Nebenbedingung (4) Abschnitt 3.8.1 bewertet die Halteplatzrestriktionen einzelner Halteplätze. Je größer der Wert, desto restriktiver wirken die Halteplatzrestriktion.

Mithilfe der Schattenpreise lassen sich u. a. Rückschlüsse über Engpässe auf der Strecke oder im Knoten ziehen (Weiß et al. 2016).

### 3.4.4  Wartezeit im Knoten

Die Wartezeit in einem Knoten ist ein direktes Qualitätsmerkmal und geht z. B. auch in die Berechnung des BFQ's ein. Eine hohe Wartezeit verschlechtert die Qualität. Außerdem kann eine hohe Wartezeit ein Indiz für einen Engpass auf den angrenzenden Strecken sein (Weiß et al. 2016).

### 3.4.5 Weitere Kenngrößen

Zu den weiteren Anforderungen zur Bewertung, auf die in dieser Arbeit nicht näher eingegangen wird, zählen die folgenden (Li et al. 2017):

- geeignete (effizient abbildbare) Zielfunktion zur optimalen Belegung,
- Kriterien zum Vorrang bei Konfliktlösung,
- Rücksichtnahme auf Prozesse,
- Berücksichtigung von Verkehrstagen, Jahresfahrplan oder unterjährigen Anfragen und Ad-hoc-Anfragen,
- Wunschabfahrtszeit sowie der Wunschankunftszeit,
- Trassenkompatibilität,
- Zugkonfigurationen,
- Vorgaben zum Laufweg.

## 3.5 Diskriminierungsfreiheit

Bei der Zuweisung von Trassen bleiben gegenseitige Behinderungen, d. h. Konflikte, insbesondere aufgrund der Mischstrecken bei Trassenanfragen nicht aus (Holzhey 2010). Tritt ein solcher Fall ein, gilt es eine Lösung zu identifizieren, die keine der entsprechenden Bestellungen benachteiligt. Im Folgenden gilt es, den Aspekt der Diskrimminierungsfreiheit genauer zu beleuchten und im Rahmen des Belegungsverfahrens anzuwenden.

### 3.5.1 Definition

Gemäß Duden wird unter dem Begriff diskriminierungsfrei „frei von Diskriminierungen" bzw. „ohne Benachteiligung erfolgend; gleichrangig, gleichwertig" verstanden. Artikel 3 Grundgesetz (GG) schreibt das Verbot der Diskriminierung sowie der Bevorzugung aufgrund bestimmter Eigenschaften fest. Gemäß Artikel 3 (1) GG ist jeder vor dem Gesetz gleich, sodass eine abweichende Handlung, die nicht nach Gesetzen folgt, untersagt ist. Artikel 3 (2-3) GG schreiben die Gleichstellung von Frauen und Männer vor. Eine Bevorzugung oder Benachteiligung von Menschen, aufgrund ihrer Herkunft, Rasse, Sprache, etc. sei verboten. Somit soll gewährleistet werden, dass der Staat sowohl den natürlichen als auch juristischen Personen die gleichen Chancen ermöglicht (Cetin 2015).

Ähnlich verhält sich die Erläuterung zur Diskriminierungsfreiheit bezüglich des Zugangs zu einem Netz. Dies betrifft die Märkte der Telekommunikation, Energie, Post sowie der Eisenbahn. In Deutschland wacht die Bundesnetzagentur für Elektrizität, Gas, Telekommunikation, Post und Eisenbahnen, kurz Bundesnetzagentur (Regulierungsstelle), über die diskriminierungsfreie Erbringung des Netzzuganges unter transparenten Bedingungen. Hier bedeutet diskriminierungsfrei, dass jedes Unternehmen Zugang zu den Netzen der jeweiligen Betreiber zu gleichen Bedingungen erhält. Darüber hinaus betrifft die Diskriminierungsfreiheit auch die Entgelte für den Netzzugang (Bundesnetzagentur für Elektrizität, Gas, Telekommunikation, Post und Eisenbahnen 2017).

Die Problematik der Diskriminierungsfreiheit im Rahmen der Belegung von Systemtrassen spielt insbesondere eine Rolle, wenn es zu Konflikten zwischen Bestellungen kommt. Dann gelangt die bisherige Definition der Diskriminierungsfreiheit an ihre Grenzen. In solchen Fällen müssen gesetzlich geregelte Verfahren angewandt werden, um beide Trassenwünsche dennoch stattgeben zu können. Eine Benachteiligung eines Zugangsberechtigten, zumindest in der zeitlichen Lage der Trassen betreffend, muss in Kauf genommen werden (Cetin 2015).

### 3.5.2 Rechtliche Vorgaben

### 3.5.2.1 Vorgaben der Europäischen Union

In der Gesetzgebung der Europäischen Union (EU) wird gemäß Artikel 288 Vertrag über die Arbeitsweise der Europäischen Union (AEUV) zwischen Richtlinien, Verordnungen, Beschlüssen, Empfehlungen und Stellungnahmen unterschieden. Während Empfehlungen und Stellungnahmen für die Mitgliedsstaaten nicht verbindlich sind, müssen Richtlinien, Verordnungen und Beschlüsse von den Mitgliedsstaaten umgesetzt werden. Beschlüsse sind für alle Mitgliedsstaaten verbindlich. Ausnahmen gelten dann, wenn Beschlüsse an bestimmte Gruppen gerichtet sind. Ein wesentlicher Unterschied besteht zwischen Richtlinien und Verordnungen. Verordnungen können inhaltlich durch die Mitgliedsstaaten nicht verändert werden. Sie müssen unverändert in Ihren Inhalten angewendet werden. Es besteht keine Pflicht, diese in nationale Gesetze zu übernehmen. Bei Richtlinien müssen Mitgliedsstaaten nur den Zweck beachten. Wie der Zweck einer Richtlinie umgesetzt wird, obliegt allein bei den Mitgliedsstaaten (Europäischen Union 2012).

Die erste Richtlinie, die im Zuge der Liberalisierung des europäischen Schienenverkehrs veröffentlicht wurde, war die Richtlinie 91/440/EWG vom 29.07.1991. Darin wurden insbesondere Regelungen zu den Unternehmensstrukturen der bisherigen großen Eisenbahnunternehmen getroffen. Weitere Regelungen betrafen u. a. die Zugangsansprüche zur Schieneninfrastruktur (Cetin 2015).

Am 19.06.1995 wurde die Richtlinie 95/19/EG beschlossen. Dort lagen die Schwerpunkte auf die Zuweisungsverfahren von Fahrwegkapazität (Trassen) und der Berechnung des Wegeentgeltes. Außerdem wurde gemäß Artikel 13 Richtlinie 95/19/EG den Eisenbahnverkehrsunternehmen eine Beschwerdemöglichkeit im Falle von Benachteiligungen beim Zuweisungsverfahren oder bei der Entgelterhebung geschaffen (Cetin 2015).

Am 26.02.2001 wurde von der EU das erste Eisenbahnpaket auf den Weg gebracht (Zhu 2007). Dieses beinhaltete u. a. die Richtlinien 2001/12/EG, welche die Richtlinie 91/440/EWG in einigen Punkten ändert und die Richtlinie 2001/14/EG. Die letztgenannte ersetzte gemäß Artikel 37 Richtlinie 2001/14/EG die Richtlinie 95/19/EG und verpflichtete die Eisenbahninfrastrukturunternehmen Schienennetz-Benutzungsbedingungen zu veröffentlichen. Weiterhin wurden Regelungen zur grenzüberschreitenden Zusammenarbeit von Eisenbahninfrastrukturunternehmen bei der Trassenvergabe getroffen und Koordinierungsverfahren im Falle von Trassenkonflikten vorgesehen (Cetin 2015).

Wegen unzureichender Umsetzung des ersten Eisenbahnpaketes durch die Mitgliedsstaaten wurde von der EU am 21.11.2012 die Richtlinie 2012/34/EU verabschiedet. Diese hebt gemäß Artikel 65 Richtlinie 2012/34/EU die Richtlinien 91/440/EWG, 2001/12/EG und 2001/14/EG auf und war gemäß Artikel 64 Richtlinie 2012/34/EU von den Mitgliedsstaaten bis zum 16.06.2015 umzusetzen. Eine Zusammenfassung der genannten Ausführungen befindet sich in Tabelle 3-2.

In Deutschland wurde zwecks Umsetzung der o.g. Richtlinien das Allgemeine Eisenbahngesetz (AEG, vgl. § 1 (1) AEG) sowie das Eisenbahnregulierungsgesetz (ERegG) verabschiedet (Schmitt 2013). Das ERegG ersetzt nach § 80 (2) ERegG die Eisenbahninfrastruktur-Benutzungsverordnung (EIBV), die gemäß Artikel 6 Gesetz zur Stärkung des Wettbewerbs im Eisenbahnbereich (EWSG) aufgehoben ist.

| Richtlinie | Hinweise | Gültig ab | Rechtskräftig |
|---|---|---|---|
| 91/440/EWG | | 29.06.1991 | Nein |
| 95/19/EG | | 19.06.1995 | Nein |
| 2001/12/EG | Änderung 91/440/EWG | 26.02.2001 | Nein |
| 2001/14/EG | Ersetzen 95/19/EG | 26.02.2001 | Nein |
| 2012/34/EU | Aufhebung 91/440/EWG, 2001/12/EG, 2001/14/EG | 21.11.2012 | Ja |

**Tabelle 3-2:** **Richtlinien der Europäischen Union**

### 3.5.2.2 Trennung von Infrastrukturbetrieb und Zugbetrieb

Um Zugang zur Eisenbahninfrastruktur zu erhalten, wird gemäß Artikel 6 f. Richtlinie 2012/34/EU die obligatorische Trennung zwischen der Durchführung von Verkehrsleistungen und dem Betrieb der dazugehörigen Infrastruktur in einem Eisenbahnunternehmen vorausgesetzt. Insbesondere ist diese Regelung an die teils ehemals großen staatlichen Eisenbahnbetrieben in den jeweiligen Mitgliedsstaaten der EU gerichtet (Cetin 2015).

Die Trennung von Infrastruktur- und Zugbetrieb kann gemäß Artikel 6 Richtlinie 2012/34/EU auf unterschiedliche Weise verwirklicht werden. Entweder sind mehrere Unternehmensbereiche einzurichten, sodass ein Bereich für die Infrastruktur und der andere für das Erbringen der Verkehrsleistung zuständig ist. Es kann auch neue Gesellschaft für den Betrieb der Infrastruktur gegründet werden (Cetin 2015).

Weiterhin besteht gemäß Artikel 6 Richtlinie 2012/34/EU bei der Rechnungsführung eine Trennung. Dies soll sicherstellen, dass z. B. Subventionen für die Infrastrukturerweiterung nicht zum Ausgleich möglicher Verluste in der Personen- oder Güterbeförderung verwendet werden. Diese Regelung gilt v. a. bei Eisenbahnunternehmen, in denen verschiedene Unternehmensbereiche eingerichtet wurden und auf die Gründung einer separaten Infrastrukturgesellschaft verzichtet wurde (Cetin 2015).

Die Umsetzung der genannten Regelungen in Deutschland erfolgt mithilfe § 7 f. ERegG. Eigens wurde für die Gründung der Deutschen Bahn AG das Deutsche Bahn Gründungsgesetz (DBGrG) verabschiedet, welches nach § 25 DBGrG getrennte Geschäftsbereiche vorsieht (Cetin 2015).

### 3.5.2.3 Entgelterhebung und Zuweisung von Fahrwegkapazität

Der Artikel 10 (1) Richtlinie 2012/34/EU gewährt den Eisenbahnverkehrsunternehmen den diskriminierungsfreien Zugang zur Eisenbahninfrastruktur in allen Mitgliedsstaaten. Gemäß Artikel 38 (3) Richtlinie 2012/34/EU ist es notwendig, dass das Eisenbahnverkehrsunternehmen mit den Eisenbahninfrastrukturunternehmen vertragliche Vereinbarungen abschließt, um Zugang zur Schieneninfrastruktur zu erhalten. Diese Vereinbarungen müssen dem Grundsatz der Diskriminierungsfreiheit entsprechen (vgl. Artikel 28 sowie 39 (1) Richtlinie 2012/34/EU). Das bedeutet, dass das Eisenbahninfrastrukturunternehmen mit einem bestimmten Eisenbahnverkehrsunternehmen keine

Sonderklauseln vereinbaren darf, die sich nachteilig auf andere Eisenbahnverkehrsunternehmen auswirken (Cetin 2015).

Die Eisenbahninfrastrukturunternehmen erheben für die Nutzung der Schieneninfrastruktur ein Entgelt. Die Erhebung betrifft auch die Eisenbahnverkehrsunternehmen, die mit den entgeltfordernden Eisenbahninfrastrukturunternehmen z. B. in einer Holding organisiert sind. Die Höhe des Entgeltes darf nicht zu Benachteiligungen von einzelnen Eisenbahnverkehrsunternehmen führen, insbesondere nicht bei gleichartigen Verkehrsleistungen. Überzogene Entgeltforderungen sind rechtlich unzulässig. Die Zusammensetzung des Trassenentgeltes muss in den Schienennetz-Benutzungsbedingungen dargestellt und entsprechend angewandt werden. Die Pflicht der Entgelterhebung ist in Artikel 29 Richtlinie 2012/34/EU enthalten und ist in Deutschland mit dem § 23 ERegG umgesetzt. Hiermit wird insbesondere gewährleistet, dass die Eisenbahninfrastrukturunternehmen die konzerneigenen Eisenbahnverkehrsunternehmen bei der Entgelterhebung nicht ausschließen können (Cetin 2015).

Abgesehen von den folgenden Vorgaben gibt es laut Artikel 39 (1) Richtlinie 2012/34/EU keine weiteren Rahmenbedingungen für die Ausgestaltung des Zuweisungsverfahren von Trassen (Cetin 2015):

- Artikel 26 Richtlinie 2012/34/EU: effiziente Nutzung der Kapazität der Infrastruktur,
- Artikel 43 (1) Richtlinie 2012/34/EU: Pflicht zur Einhaltung der Fristen im Anhang VII Richtlinie 2012/34/EU durch das Eisenbahninfrastrukturunternehmen.

### 3.5.2.4 Schienennetz-Benutzungsbedingungen

Gemäß Artikel 27 (1) Richtlinie 2012/34/EU besteht für alle öffentlichen Eisenbahninfrastrukturunternehmen in der EU die Pflicht zur Veröffentlichung der Schienennetz-Benutzungsbedingungen. In Deutschland ist diese Pflicht in § 40 (2) ERegG enthalten. Nach Artikel 27 (2) Richtlinie 2012/34/EU müssen in den Schienennetz-Benutzungsbedingungen folgende Angaben enthalten sein:

- nutzbare Fahrwege,
- Zugangsbedingungen zur Schieneninfrastruktur,
- Bedingungen für den Zugang zu Serviceeinrichtungen,

- Informationen für die Erbringung der Leistungen in diesen Einrichtungen oder Verweis auf eine Internetadresse.

Der Inhalt der Schienennetz-Benutzungsbedingungen befindet sich in Anlage IV Richtlinie 2012/34/EU bzw. in der Anlage 3 ERegG. Es müssen u. a. folgende Informationen vorliegen:

- Angaben zur Art des Fahrweges sowie dessen Zugangsbedingungen,
- Erläuterungen zu den Entgeltgrundsätzen und Tarifen,
- alle Einzelheiten zur Entgeltregelung,
- Grundsätze und Kriterien des Zuweisungsverfahrens,
- Hinweise zum Koordinierungsverfahren bei Trassenkonflikten,
- Angaben über etwaige Einschränkungen aufgrund von geplanten Instandhaltungsmaßnahmen und von überbelasteten Streckenabschnitten,
- Erläuterungen über Beschwerdemöglichkeiten des Eisenbahnverkehrsunternehmens im Falle von Unstimmigkeiten über den diskriminierungsfreien Zugang zur Eisenbahninfrastruktur und der Entgeltregelung.

### 3.5.2.5 Verfahren zum Lösen von Konflikten

Die Verfahren, welche in Abschnitt 3.2.1 angesprochen sind, beziehen sich auf die Vorgaben der DB Netz AG. Diese hat in ihren Schienennetz-Benutzungsbedingungen in den Ziffern 4.2.1.7 - 4.2.1.11 diese Verfahren beschrieben. In der DB Richtlinie 402 befinden sich unter den Punkten 6 - 8 detaillierte Erläuterungen zu jedem Schritt. Der schematische Ablauf kann der Abbildung 3-6 entnommen werden (Cetin 2015).

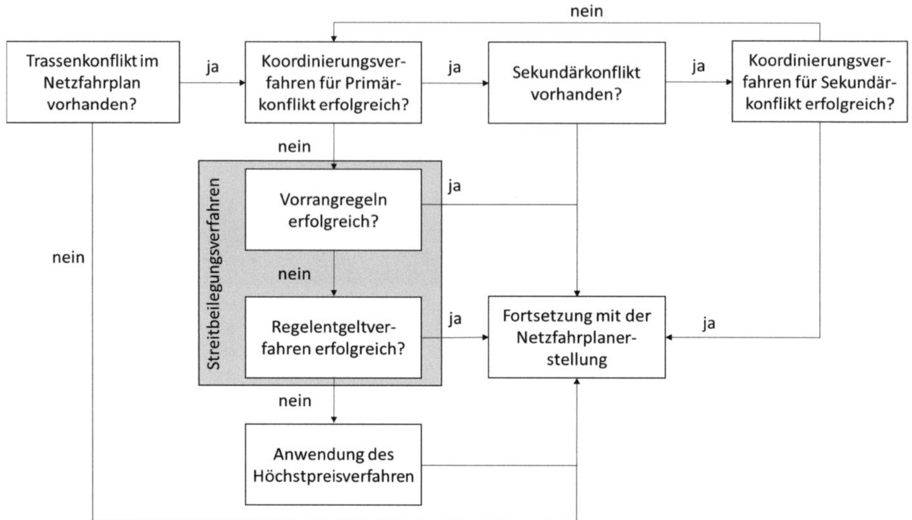


**Abbildung 3-6:   Ablauf zum Lösen von Konflikten, Quelle: (Cetin, 2015), (DB Netz AG, 2014b)**

Liegt ein Trassenkonflikt vor, versucht die DB Netz AG vor Einleiten des Koordinierungsverfahrens nach Punkt 5 (7) DB Richtlinie 402 den betroffenen Eisenbahnverkehrsunternehmen alternative Trassenangebote zu unterbreiten. Dieses Recht wird den Eisenbahninfrastrukturunternehmen durch Artikel 46 (2) Richtlinie 2012/34/EU bzw. § 52 (3) ERegG ermöglicht. Die genauen Konstruktionsspielräume befinden sich in Abschnitt 3.2.1.

Sind weiterhin Trassenkonflikte vorhanden, muss das Koordinierungsverfahren zum Einsatz kommen (Cetin 2015).

Im ersten Schritt wird mittels Verhandlung versucht zwischen der DB Netz AG und mit den durch den Konflikt betroffenen Eisenbahnverkehrsunternehmen eine einvernehmliche Lösung herbeizuführen. Dieser Konflikt wird nach Punkt 6 (3) DB Richtlinie 402 Primärkonflikt genannt. Hierzu können sowohl die Eisenbahnverkehrsunternehmen als auch die DB Netz AG Vorschläge zu neuen zeitlichen Lagen unterbreiten. Es sind auch Änderungen in den räumlichen Lagen der Trassen möglich, die konfliktlösend sein können. Bei komplexen Primärkonflikten sind durch die DB Netz AG nach Punkt 6 (6) DB Richtlinie 402 auch größere zeitliche Spielräume möglich. Dieser beträgt im Personenverkehr $\pm1$ h und beim Güterverkehr $\pm2$ h. Ist der Primärkonflikt gelöst, erfolgt die Überprüfung, ob dadurch ein Sekundärkonflikt mit einer anderen Trasse ausgelöst wird. Ist dies der Fall, wird für den Sekundärkonflikt das Koordinierungsverfahren eingeleitet. Gelingt es nicht den Sekundärkonflikt zu lösen, muss die Lösung des Primärkonfliktes verworfen werden, sodass die Suche von neuem beginnt. Das bedeutet, dass der Primärkonflikt anderweitig gelöst werden muss. Sind alle Konflikte gelöst, setzt der Konstrukteur die Netzfahrplanerstellung fort (Cetin 2015).

Erzielt das Koordinierungsverfahren keine einvernehmliche Lösung, findet nach § 52 (7) ERegG das Streitbeilegungsverfahren Anwendung. Hier sind die folgenden Rangfolgen zu prüfen:

1. vertakteter[5] oder ins Netz eingebundener Verkehr,
2. grenzüberschreitende Zugtrassen,
3. Zugtrassen für den Güterverkehr.

Gemäß der DB Netze AG ergibt sich nach § 52 (7) ERegG der in Abbildung 3-7 dargestellte Priobaum (Schmücker 2016).

Da für die Bezeichnung „ins Netz eingebundener Verkehr" keine genaue Erläuterung existiert, ist grundsätzlich jede Anmeldung ins Netz eingebunden ist. Aus diesem Grund entfällt die rechte Seite des Priobaums (Priobänder 011 – 000). Deshalb befinden sich alle Anmeldungen in einer der folgenden 4 Priobänder:

1. vertakteter oder in Netz eingebundener Verkehr und international und Güterverkehr (111),
2. vertakteter oder in Netz eingebundener Verkehr und international und Personenverkehr (110),
3. vertakteter oder in Netz eingebundener Verkehr und national und Güterverkehr (101),
4. vertakteter oder in Netz eingebundener Verkehr und national und Personenverkehr (100).

---

[5] Unter vertakteten Verkehren ist die Rede, wenn, im Sinne von § 1 (23) ERegG, ein Zug überwiegend auf demselben Laufweg mindestens viermal am Tag und in einem Takt von höchstens 120 min verkehrt.

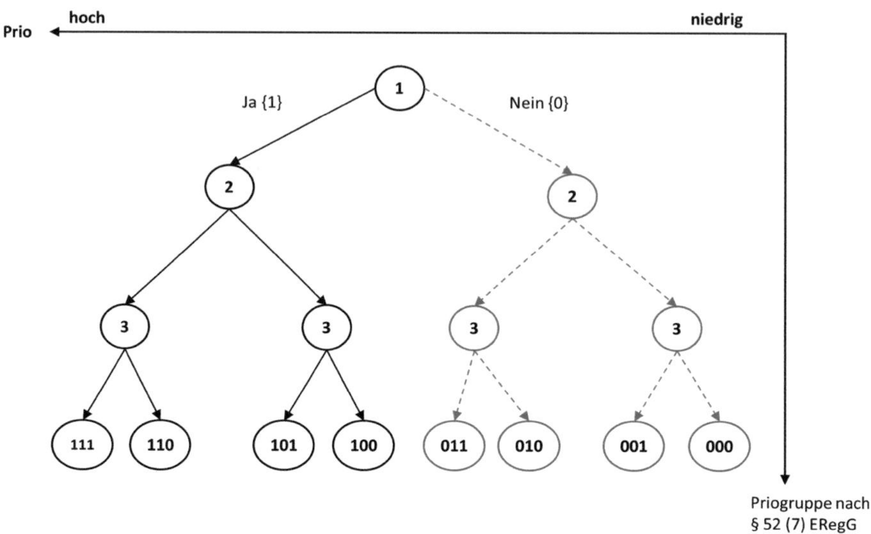


**Abbildung 3-7:   Priobaum nach § 52 (7) ERegG (Schmücker, 2016)**

Trassenwünsche innerhalb eines Priobandes sind immer vorrangig gegenüber Anfragen aus einem niedrigeren Band (Schmücker 2016).

Besteht ein Konflikt zwischen Anmeldungen eines Bandes, erfolgt die Anwendung des Regelentgeltverfahren nach § 52 (8) ERegG bzw. Ziffer 4.2.1.10 Schienennetz-Benutzungsbedingungen (Schmücker 2016). Dabei werden, unter Beachtung der Verkehrstage und des gesamten Laufwegs beider Trassen, die Regelentgelte miteinander verglichen und der Trassenanmeldung den Zuschlag erteilt, mit der das höchste Entgelt erzielt wird. Die unterlegene Anfrage wird abgelehnt und die Regulierungsbehörde darüber in Kenntnis gesetzt (Cetin 2015).

Für den Fall, dass mit dem Regelentgeltverfahren immer noch keine Lösung gefunden wird, kommt das Höchstpreisverfahren gemäß § 52 (8) ERegG bzw. Ziffer 4.2.1.11 Schienennetz-Benutzungsbedingungen zum Zuge. Hierzu müssen die betroffenen Eisenbahnverkehrsunternehmen innerhalb von 5 Werktagen der DB Netz AG über die Regulierungsbehörde ein Entgelt abgeben. Die Höhe des Entgeltes muss höher liegen, als nach den Schienennetz-Benutzungsbedingungen zu zahlen wäre. Das Eisenbahnverkehrsunternehmen, welches das höchste Angebot eingereicht hat, erhält den Zuschlag. Die Trassenanfrage des unterlegenen Anbieters wird endgültig verworfen und die Regulierungsbehörde darüber in Kenntnis gesetzt (Cetin 2015).

Eine Besonderheit ergibt sich bei der Anwendung des Höchstpreisverfahrens. Hat ein Eisenbahnverkehrsunternehmen mit einem Eisenbahninfrastrukturunternehmen einen Rahmenvertrag gemäß Artikel 42 (1) Richtlinie 2012/34/EU bzw. § 49 (1) ERegG abgeschlossen, sichert sich dieses Eisenbahnverkehrsunternehmen Trassen mit einer Laufzeit von mehr als einer Netzfahrplanperiode. Ergeben sich Konflikte mit einer Trasse, die Bestandteil des Rahmenvertrages ist, mit einer anderen Trasse, die ein anderes Eisenbahnverkehrsunternehmen als Wunsch eingereicht hat, dann soll das Höchstpreisverfahren nicht zum Einsatz kommen. Daraus ergibt sich aber automatisch die Forderung, dass für die im Rahmenvertrag einbezogenen Trassen Spielräume vereinbart werden müssen, mit der das Eisenbahninfrastrukturunternehmen in der Lage ist unterschiedliche Trassenvarianten anzubieten. Die Spielräume sollen so groß gewählt werden, dass im Falle eines Konfliktes mindestens 3 Alternativtrassen zur Verfügung stehen (Cetin 2015).

Bei Trassenkonflikten auf Strecken, die unter die transeuropäischen Schienengüterverkehrskorridore[6] fallen, kommt das Koordinierungsverfahren ebenfalls zum Einsatz. Anders, als außerhalb dieser Korridore, werden bei keiner Lösungsfindung die Vorrangregeln nicht angewendet. Auf den Korridoren soll der grenzüberschreitende Güterverkehr gefördert werden, was nicht diesen Rangfolgen entspricht (Cetin 2015). Hier werden die Trassen ihrer Priorität nach wie folgt bewertet: (EEIG Corridor Rhine-Alpine EWIV 2018), (RFC North Sea - Med. 2018)

$$\text{Anzahl der Verkehrstage im Jahr} \cdot \text{Länge des Laufwegs}$$

Der höchste Wert erhält den Zuschlag. Für die unterlegene Anfrage werden Teiltrassen mit veränderter zeitlicher Lage gesucht. Bei gleichen Prioritäten entscheidet ein Losverfahren (Weiß et al. 2016)

---

[6] Das hier erläuterte Verfahren bezieht sich auf den Korridor RFC1 Rhine --  Alpine.

### 3.5.2.6 Regulierungsstelle

Die Mitgliedsstaaten müssen gemäß Artikel 55 (1) Richtlinie 2012/34/EU eine unabhängige Regulierungsstelle, die nach Artikel 55 (2) Richtlinie 2012/34/EU auch mehrere Bereiche in der Wirtschaft überwachen darf, einrichten. Dieses Prinzip wird in Deutschland angewendet. Seit dem 01.01.2006 ist nach § 38 (7) AEG bzw. § 4 (1) Bundeseisenbahnverkehrsverwaltungsgesetz (BEVVG) im Eisenbahnwesen die Bundesnetzagentur die nationale Regulierungsstelle in Deutschland (Cetin 2015).

Die Aufgaben der Regulierungsstelle werden in Artikel 56 (1-2) Richtlinie 2012/34/EU bzw. § 66 (4) ERegG näher genannt. Primär überwacht sie den diskriminierungsfreien Zugang zur Eisenbahninfrastruktur sowie die dazugehörige korrekte Umsetzung der Vorschriften. Somit muss sich die Regulierungsbehörde mit den folgenden Themen auf Antrag auseinandersetzen (Cetin 2015):

- Inhalt der Schienennetz-Benutzungsbedingungen,
- Zuweisungsverfahren sowie dessen Ergebnisse,
- Entgeltregelung wie auch der Ausgestaltung der Entgelte
- grundsätzliche Zugangsregelungen zur Infrastruktur,
- Zugangsbedingungen zu Serviceleistungen.

Sollten Verstöße in einem oder mehreren der aufgezählten Punkte vorliegen, kann die Regulierungsstelle geeignete Maßnahmen ergreifen, um die Verstöße zu beseitigen. Darüber hinaus müssen in Deutschland ansässige Eisenbahninfrastrukturunternehmen nach § 72 ERegG die Regulierungsstelle in Kenntnis setzen, beispielsweise in folgenden Fällen: (Cetin 2015)

- Ablehnung von Anfragen im Rahmen der Netzfahrplanerstellung oder außerhalb davon,
- Veränderung des Inhaltes der Schienennetz-Benutzungsbedingungen mit den dazugehörigen Entgeltgrundsätzen.

Wird z. B. einer Bestellung nicht stattgegeben, kann die Regulierungsstelle nach § 73 ERegG eine Vorabprüfung durchführen und gegebenenfalls bei Verstößen gegen geltendes Recht den Entscheidungen der Eisenbahninfrastrukturunternehmen widersprechen. Entscheidungen der Eisenbahninfrastrukturunternehmen oder schon geltende Verträge können mit Wirkung der Regulierungsstelle außer Kraft gesetzt werden, wenn die Unstimmigkeiten zu Diskriminierungen von Eisenbahnverkehrsunternehmen führen. Existieren keine Unstimmigkeiten, behalten bestehende Verträge weiterhin ihre Gültigkeit bzw. müssen Entscheidungen der Eisenbahninfrastrukturunternehmen vom Eisenbahnverkehrsunternehmen akzeptiert werden. Das betroffene Eisenbahninfrastrukturunternehmen oder Eisenbahnverkehrsunternehmen kann die Entscheidung der Regulierungsstelle nach Artikel 56 (10) Richtlinie 2012/34/EU gerichtlich überprüfen lassen. Für Eisenbahninfrastrukturunternehmen und Eisenbahnverkehrsunternehmen in Deutschland ist die Verwaltungsgerichtsbarkeit die Anlaufstelle für Anfechtungsklagen (Cetin 2015).

### 3.5.3 Auswirkung auf Belegungsverfahren

Da das Belegungsverfahren OpSysTra, welches in Abschnitt 3.3.2 beschrieben ist, das relevante Verfahren zum Zuweisen von Trassen ist und in absehbarer Zeit in den praktischen Einsatz aufgrund der Verwendung von Systemtrassen überführt werden soll (Cetin 2015), liegt der Fokus hier auf diesem Programm. Zu den zu berücksichtigen Anforderungen zählen nur die Anforderungen der Verfahren zum Lösen von Konflikten. Für OpSysTra spielen die Anforderungen, welche in den Abschnitten 3.5.2.2 - 3.5.2.4 erläutert sind, keine Rolle. Der Abschnitt 3.5.2.6 spielt nur im Hintergrund eine Rolle. Solange OpSysTra die gesetzlichen Anforderungen nicht erfüllt, könnte bei einem Praxiseinsatz die Bundesnetzagentur sämtliche Trassenzuweisungen für nichtig erklären. Bei einem Trassenkonflikt darf OpSysTra nicht willkürlich entscheiden, welche Trassenanfrage bevorzugt wird. Wie in Abschnitt 3.3.2 beschrieben, ermittelt OpSysTra die einzelnen Prioritäten der Trassen und sucht für die unterlegenen Anfragen nach Alternativtrassen, die in ähnlicher zeitlicher Lage liegen, wie die ursprüngliche Anfrage. Ebenfalls kann eine Änderung der räumlichen Lage von Anfragen die Konfliktlösung fördern. Vergleicht man diese Vorgehensweisen mit denen in Abschnitt 3.5.2.5 beschriebenen, fällt auf, dass OpSysTra die Verfahren weder für nationale noch für internationale Korridore zu 100 % erfüllt (Cetin 2015).

Das bedeutet, dass bei einem Konflikt auf nationalen Strecken zunächst eine alternative Trasse gesucht werden muss. Dabei muss der entsprechende maximale Spielraum im Güterverkehr beachtet werden. Ist trotz des Spielraums eine Lösung nicht möglich, wird gemäß Abschnitt 3.5.2.5 das Koordinierungsverfahren angewendet. Dies bedeutet primär eine Absprache des Eisenbahninfrastrukturunternehmens mit dem betroffenen Eisenbahnverkehrsunternehmen. Eine Modellierung eines solchen Verfahrens ist nicht möglich. Es muss aber die Möglichkeit bestehen, dem Belegungsverfahren eine erzielte Lösung zu übergeben (Weiß et al. 2016). Die Spielräume finden bei den Koordinierungsgesprächen keine Anwendung mehr, da größere zeitliche Abweichungen von den Wunschlagen möglich sind (Cetin 2015).

Bleibt nach Absprache der Konflikt ungelöst, wird das Streitbeilegungsverfahren angewendet. Gemäß des Priobaums muss OpSysTra die Prioritäten aller Anfragen kennen, sodass Informationen zu den fixierten Fahrlagen des Personenverkehrs vorliegen müssen. Das mathematische Modell könnte in der Form erweitert werden, dass dem Güterverkehr nachrangige Fahrlagen abgewiesen werden (Weiß et al. 2016).

Sind die Trassenanfragen, die in Konflikt stehen, aus demselben Prioband, kommt das Regelentgeldverfahren zur Anwendung. Liegen Informationen über die Trassenentgelte für alle betreffenden Strecken zur Verfügung vor, kann dieses Verfahren mathematisch als Nebenbedingung modelliert werden. Beim Höchstpreisverfahren geben die betroffenen Eisenbahnverkehrsunternehmen ein Angebot über die Regulierungsstelle an das Eisenbahninfrastrukturunternehmen ab, sodass eine manuelle Eingabe des Ergebnisses in das Programmsystem notwendig wäre (Weiß et al. 2016).

Für die transeuropäischen Schienengüterverkehrskorridore, für dessen Anfragen gemäß Abschnitt 3.5.2.5 Prioritäten berechnet werden, gestaltet sich die Umsetzung wie folgt: Die ermittelten alternativen Teiltrassen dürfen erst durch das Belegungsverfahren belegt werden, wenn dem Angebot zustimmt wird. Werden keine alternativen Teiltrassen gefunden oder nehmen die Eisenbahnverkehrsunternehmen das Alternativangebot nicht an, darf OpSysTra die Anfragen ablehnen (Cetin 2015). Bei eindeutigen Prioritäten kann es vorkommen, das durch ein Koordinierungsverfahren nach einer einvernehmlichen Lösung gesucht wird, dessen Lösung dem Belegungsverfahren zur Verfügung gestellt werden muss. Das Losverfahren stellt programmtechnisch keine Schwierigkeiten dar (Weiß et al. 2016).

Besondere Situationen ergeben sich durch Rahmenverträge. Das Belegungsverfahren muss somit Informationen über Güterzugtrassen haben, die zu einem Rahmenvertrag gehören. Zusätzlich müssen vereinbarte Bedingungen zum Suchen von Alternativtrassen vorhanden sein, sodass mindestens 3 alternative Trassen angeboten werden können (Weiß et al. 2016).

Insgesamt betrachtet erfüllt das Programmsystem OpSysTra die Anforderungen an die Diskriminierungsfreiheit nicht vollständig. Für den Einsatz auf den transeuropäischen Güterverkehrskorridoren, die im weiteren Projektverlauf nicht betrachtet werden, müssten noch einige kleinere Details ergänzt werden. Für den Einsatz bei der DB Netz AG für innerdeutsche Strecken müssen die bisherigen Verfahren überarbeitet werden, damit die Trassenzuweisung rechtlich ohne Beanstandungen abläuft (Cetin 2015).

Um die Diskriminierungsfreiheit als lineare Nebenbedingung oder durch eine geeignete Zielfunktion modellieren zu können, müssten die einzelnen Verfahren zunächst in einen modelltheoretischen Kontext überführt werden. Dies wiederrum erweist sich aufgrund der Komplexität der Verfahren insbesondere in Hinblick auf die Absprachen als nicht umsetzbar. Erste Ideen zur Umsetzung mittels (Börsen-) Bieterverfahren wurden analysiert und stichprobenhaft simuliert, aber eine wirkliche Anwendung kann erst nach umfangreichen wissenschaftlichen Untersuchungen erfolgen.

Wie die Diskriminierungsfreiheit im folgenden Projektlauf beachtet werden muss, muss an entsprechender Stelle geklärt werden. Sollten bei der Erstellung des Netzfahrplanes, d. h. bei der Zuweisung der Trassenanfragen, keine Konflikte auftreten, entfällt die Berücksichtigung der Diskriminierungsfreiheit.

## 3.6 Einlegen von Trassen

Für dieses sowie die folgenden Kapitel ist ein Beispielnetz Grundlage für die weitere Bearbeitung. Bei diesem Netz handelt es sich um ein Teilnetz des Netzes der Deutschen Bahn AG. Hierfür hat die DB Netz AG reale Rohdaten dem Projekt ATRANS zur Verfügung gestellt. Es liegen folgende Daten für einen Mustertag (14.11.2003) und das vereinbarte Streckennetz vor:

- Infrastrukturdaten (XML-ISS-Format),
- Fahrplandaten (XML-KSS-Format).

### 3.6.1 Beispielnetz

Der gegebene Netzausschnitt, der in Abbildung 3-8 dargestellt ist, hat sich aus der zur Verfügung gestellten Nachfrage sowie Trassen des vorliegenden Verkehrstages ergeben. Für die gegebenen Zugfahrten ist nicht bekannt, welche Bestellungen zum Netzfahrplan waren. Zu den Knoten, die anhand der Zugfahrten identifiziert werden, gehören die Bahnhöfe Leipzig, Delitzsch, Bitterfeld, Halle, Köthen, Falkenberg, Wittenberg, Dessau-Roßlau, Magdeburg, Brandenburg und Berlin. Durch das Einlesen der Trassen in OpSysTra wird deutlich, dass 28 Verbindungen und 2 511 *Systemtrassen* vorliegen. Es existieren z. B. auf der Strecke Berlin – Brandenburg 144 Systemtrassen. In Gegenrichtung liegen 163 vor (Dubrau 2016).

Die 174 vorliegenden Nachfragen führen zu 35 nachgefragten Verbindungen. Der Knoten Magdeburg hat sowohl die meisten Abfahrten (55) als auch die meisten Ankünfte (56). Der überwiegende Teil an Verbindungen wird nicht nachgefragt, wie z. B. Berlin – Bitterfeld. Der Anteil der Ankünfte bzw. Abfahrten eines Knotens im Hinblick auf alle Fahrten liegt zwischen 0 % und 32 %. Es ergibt sich, dass 19,5 % der Bestellungen eine Systemtrasse benötigen. 31 % benötigen 2 Systemtrassen und 33 % 3. Der maximale Verbrauch liegt bei 5 (1 %). Im Mittel werden 2,475 Systemtrassen nachgefragt (Dubrau 2016).

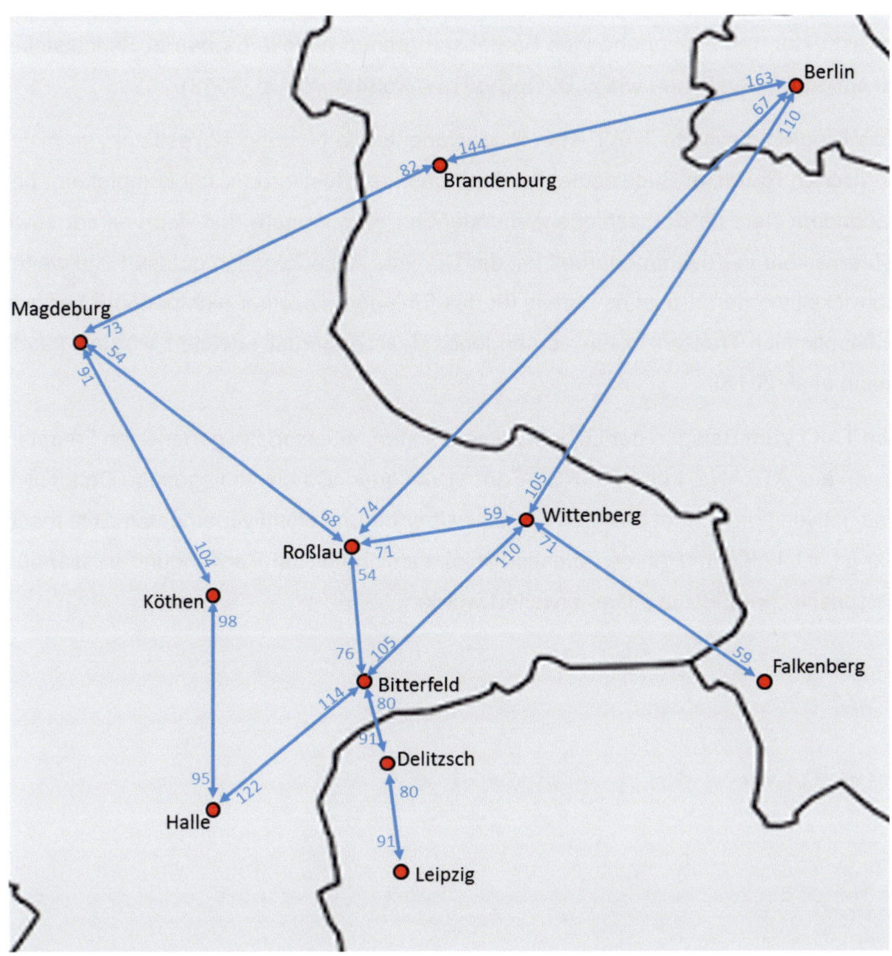


**Abbildung 3-8: Beispielnetz mit entsprechenden Anzahl an Systemtrassen des vorliegenden Mustertags**

## 3.6.2    Fahrplanungssystem TAKT

ATRANS 1 hat eine Systematik zur Gestaltung von Zeitzuschlägen in Trassenbündel entwickelt. Unter Berücksichtigung der erforderlichen betrieblichen Stabilität ist es möglich geringere Pufferzeitsumme im Trassenbündel zu erreichen, sodass im Trassengerüst Lücken entstehen, welche mit zusätzlichen Trassen gefüllt werden können. Dazu kann das am Lehrstuhl für Verkehrsströmungslehre an der TU Dresden entwickelte Fahrplanungssystem TAKT verwendet werden. Mithilfe von TAKT werden automatisch streng getaktete und mathematisch optimale Fahrpläne für eine vorgegebene

Infrastruktur und ein zugehöriges Betriebsprogramm erstellt. Es besitzt Schnittstellen zu einigen IT-Systemen wie z. B. OpSysTra (Großmann et al. 2013).

Das Programmsystem TAKT ist in Praxisvarianten in Nordrhein-Westfalen, im mitteldeutschen Raum, in Südwestdeutschland und im Rheinkorridor mit komplettem, umliegendem Netz für den schienengebundenen Personennah- und -fernverkehr sowie Güterverkehr in Zusammenarbeit mit der DB Netz AG erfolgreich getestet und weiterentwickelt worden. So ist es bereits für das Einlegen einzelner nichtperiodischer qualitätsoptimaler Trassen in ein vorhandenes Trassengerüst erweitert wurden (Großmann et al. 2013).

Um TAKT zum Belegen der Lücken zu verwenden, müssten die generierten Fahrplandaten aus ATRANS 1 im XML-KSS-Format vorliegen. Da die vorliegenden Daten nicht das notwendige Format besitzen und eine Überführung effektiv momentan nicht machbar ist, ist TAKT im Rahmen dieses Projektes nicht für die Verwendung trassenbündelspezifischer Zeitzuschläge erweitert worden.

## 3.7 Simulationsverfahren zur Trassenbelegung

Wie in (Großmann et al. 2013) für eine Programmumgebung im Luftverkehr zur ereignisorientierten Simulation gezeigt, können Planungsvorgänge als eine Abfolge von abzulaufenden Ereignissen und Prozessen, die wieder neue Ereignisse generieren, abgebildet werden. Dadurch können vielfältige Strukturen voneinander abhängiger Prozesse abgebildet werden.

### 3.7.1    Definition des Simulationswerkzeugs

Für die Simulation der Trassenbelegung, wird der oben genannte Ansatz an die spezifischen Anforderungen der Trassenbelegung angepasst. Hierfür sind Kenntnisse über den Ablauf des Bestellprozesses (vgl. Kapitel 3.2) notwendig, welcher der Trassenbelegung zugrunde liegt. Für den Netzfahrplan kann wegen des zeitlichen Vorlaufs die in Abschnitt 3.3.2 beschriebene optimierte Belegung mittels linearer Optimierung genutzt werden. Für den Gelegenheitsverkehr ist dies aufgrund der sequentiell eingehenden Bestellungen zunächst nicht möglich.

Weiterhin sind die möglichen Störgrößen sowie der Prozess der Störung an den Bahnverkehr anzupassen. Bei den Störgrößen handelt es sich um

- die Anzahl bestellter Trassen im Netzfahrplan und im Gelegenheitsverkehr,
- die räumliche Verteilung von Start und Ziel der bestellten Trassen,
- die Reihenfolge der Bestellungen bzw. die gewünschten Abfahrtszeiten sowie
- die Anzahl von Stornierungen.

Neben der Robustheit der Lösung für einen bestimmten Betriebstag unter dem Einfluss von Störgrößen ist im Bahnverkehr auch die Stabilität der Kapazitätsausnutzung der Lösungen ähnlicher Betriebstage, also von Betriebstagen mit ähnlichem Fahrplangefüge, aber verschiedenen ablaufenden Bestellprozessen, relevant.

Die eigentliche Simulation erfolgt in 2 Phasen. In der ersten Phase wird auf Grundlage eines Basisbestellverlaufs ein gestörter Bestellverlauf erzeugt. Dieser wird in der zweiten Phase als initiale Ereignisliste der eigentlichen Simulation der Trassenbelegung genutzt (s. auch Abbildung 3-9).

Dabei werden die Ereignisse „Insert" und „Remove" unterschieden. „Insert" entspricht einer Trassenbestellung. „Remove" kommt einer Abbestellung gleich. Über den Rang der Bestellung werden die Reihenfolge und die Art der Trassenbelegung gesteuert. Bestellungen mit gleichem Rang werden gemeinsam optimiert eingelegt. Für Bestellungen mit höherem Rang verbleiben dann nur die durch die bisherigen Trassenbelegungen nicht genutzten Systemtrassen zur Verfügung. Das Simulationsmodell ist demnach auch in der Lage nach dem Netzfahrplan, welcher den Rang 0 aufweist, weitere Sequenzen von Bestellungen als Bestellpools optimiert zu belegen. Für die Abbildung des Gelegenheitsverkehrs werden aber für jede Bestellung fortlaufende Rangnummern verwendet, sodass diese sequentiell ohne Optimierung eingelegt werden. Außerdem werden der Einfachheit halber keine Sequenzen erzeugt, welche sowohl „Insert"- als auch „Remove"-Ereignisse enthalten. Die Belegung einzelner Bestellungen erfolgt analog zur Belegung mehrerer Bestellungen. Die Optimierung einer Bestellung ergibt dann zwangsläufig für diese Bestellung jeweils den besten Weg bezüglich der Zielfunktion.

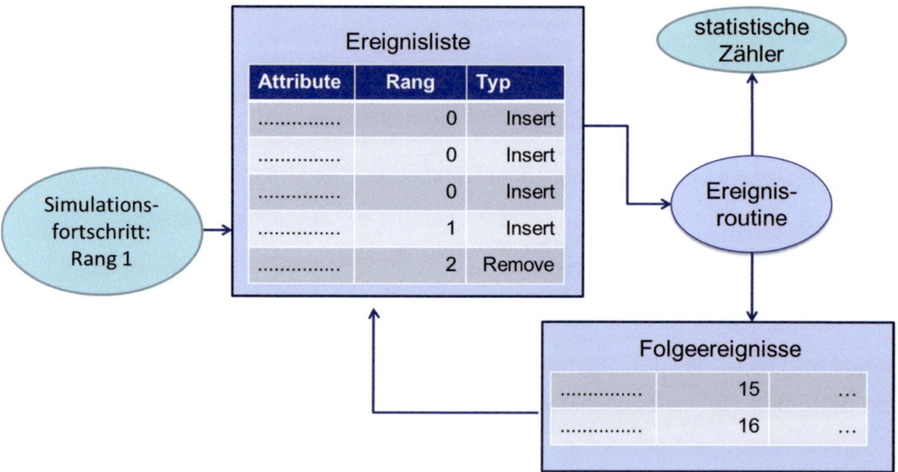


**Abbildung 3-9:  Frameworks zur ereignisorientierten Simulation**

In der Folge der Simulation wird jedem Ereignis ein Status aus der folgenden Liste zugeordnet:

- Feasible:      ein „Insert"-Ereignis wurde erfolgreich ausgeführt,
- Infeasible:    ein „Insert"-Ereignis konnte nicht erfolgreich ausgeführt werden,

- Removed: ein „Insert"-Ereignis wurde durch ein „Remove"-Ereignis mit höherer Rangnummer entfernt, nachdem die Bestellung zuvor erfolgreich ausgeführt wurde,
- Done: ein „Remove"-Ereignis wurde erfolgreich ausgeführt.

Weiterhin wird für jedes erfolgreiche „Insert"-Ereignis ein konkreter Laufweg ermittelt und der tatsächlich realisierte sowie der kürzest mögliche BFQ ausgegeben. Die Systemtrassen der Nachfragen, welche durch „Remove" entfernt wurden, werden wieder freigegeben und der Restkapazität an Systemtrassen zugewiesen.

In jedem Belegungsschritt, d. h. der Belegung aller Nachfragen gleichen Rangs, wird, wie in Abbildung 3-10 dargestellt, das gleiche Belegungsverfahren eingesetzt. Dabei wird für jeden Nachfragebündel unter Nutzung der jeweils verfügbaren Restkapazität optimiert belegt und die sich aus „Insert" und „Remove" ergebende Restkapazität angepasst. Diese Restkapazität steht dann für die Belegung der Bestellung des folgenden Rangs zur Verfügung.

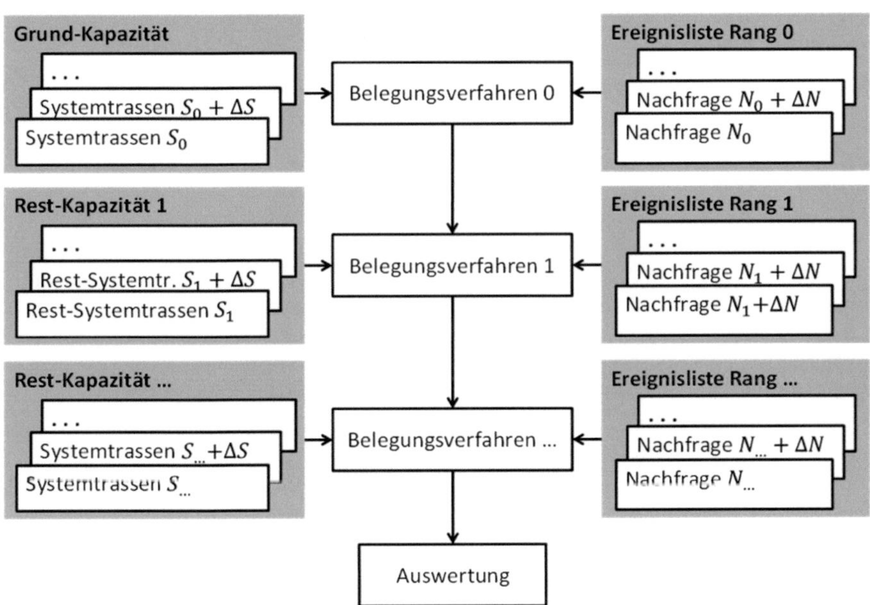


**Abbildung 3-10: Ablauf der Trassenbelegung**

### 3.7.2 Anwendungsgebiete des Simulationsverfahrens

Mit dem oben beschriebenen Simulationsverfahren der Trassenbelegung sind u. a. die folgenden Untersuchungen möglich:

- stufenweise Variation des Bestellprozesses zur Untersuchung der Robustheit der Lösungsstruktur,
- Erzeugung grundverschiedener Bestellprozesse für einen Tag zur Untersuchung der Stabilität der Kapazitätsausnutzung,
- Variation struktureller Eigenschaften des Bestellprozesses wie der Anteil
- der bestellten Relationen oder
- der Stornierungen,
- stufenweise Erhöhung der Anzahl der bestellten Trassen,
- Variation der Größe der Bestellbündel des Gelegenheitsverkehrs.

## 3.8 Sensitivitätsanalyse und Evaluierung der Ergebnisse

Im nächsten Schritt sollen die Auswirkungen veränderlicher Nachfragen unter Einbeziehung einer Qualitätsbewertung mittels einer Sensitivitätsanalyse untersucht. Zunächst wird die Variierung der rechten Seite im LP des Belegungsalgorithmus betrachtet (vgl. (Nachtigall und Kaufhold 2007). Dies ermöglicht eine schnelle erste Abschätzung der Störungsauswirkungen. Dabei wird einerseits berechnet, in welchen Grenzen ermittelte Trassenbelegungen weiterhin gültig bleiben. Andererseits können die Auswirkungen von stochastischer Nachfrage bei Überschreitung dieser Grenzen eingeschätzt werden.

Anschließend wird die Sensitivitätsanalyse auf Basis einer adaptierten ereignisorientierten Simulation untersucht (vgl. auch (Cetin 2015)), da dies eine wesentlich genauere Betrachtung der komplexen Wirkzusammenhänge der Trassenbelegung verspricht.

Aus diesen Teilkomponenten wird ein Verfahren zur Bewertung der Zuverlässigkeit von Trassenbelegungen entwickelt. Zudem können Engpässe im Teilsystemtrassenangebot identifiziert werden, deren Beseitigung durch modifizierte oder zusätzliche Teilsystemtrassen eine Qualitätsverbesserung ermöglicht. Zusätzlich wird auch eine Bewertung der Belegungsalgorithmen hinsichtlich der erzielbaren Planungsstabilität vorgenommen (Li et al. 2017).

### 3.8.1 Sensitivitätsanalyse – „Variation der rechten Seite"

Das LP zur Lösung des Trassenbelegungsproblems kann folgendermaßen formuliert werden: (Nachtigall und Opitz 2013), (Nachtigall und Opitz 2014)

$$\sum_{(T,e)} \left( c_e^{max} - c_{(T,e)} \right) \cdot x_{(T,e)} \to max \qquad \text{(1) Zielfunktion des LP's}$$

$$\forall e \in E: \sum_{T \in P_e} x_{(T,e)} \le 1 \qquad \text{(2) Erfüllungsbedingung des LP's}$$

$$\forall C \in \mathcal{C}: \sum_{T \in C} x_{(T,e)} \le 1 \qquad \text{(3) Kapazitätsbedingung der Systemtrassen des LP's}$$

$$\forall W \in \mathcal{W}: \sum_{T \in W} x_{(T,e)} \le k \qquad \text{(4) Wartegleisbedingung des LP's}$$

$$x_{(T,e)} \in \{0,1\} \qquad \textbf{(5) allgemeine Nebenbedingungen des LP's}$$

Dabei weisen die Variablen die folgenden Bedeutungen auf: (Nachtigall und Opitz 2013), (Nachtigall und Opitz 2014)

- $e$      Nachfrage nach Einzelzug
- $E$      Menge aller Nachfragen
- $P_e$      Menge der idealen Trasse
- $T$      potentielle Trasse für eine Nachfrage
- $\mathcal{T}$      Menge aller Trassen
- $c_{(T,e)}$      Kosten der Trasse $T$ zur Befriedigung der Nachfrage $e$ in der Einheit BFQ
- $c_e^{max}$      maximale akzeptable Kosten der Nachfrage in der Einheit BFQ
- $C$      Kombinationskonflikt = Menge von Trassen, die Teiltrassen gemeinsam nutzen
- $\mathcal{C}$      Menge von Kombinationskonflikten
- $W$      Kapazitätsrestriktionen für Wartegleise
- $\mathcal{W}$      Menge aller Kapazitätsrestriktionen für Wartegleise
- $k$      Kapazität der Wartegleise
- $x_{(T,e)}$      $= \begin{cases} 1 \text{ falls Trasse } T \text{ Nachfrage } e \text{ befriedigt} \\ 0 \text{ sonst} \end{cases}$

Das duale Problem weist dann die folgende Form auf:

$$\sum_{e \in E} \xi_e + \sum_{C \in \mathcal{C}} \xi_C + \sum_{W \in \mathcal{W}} k \cdot \xi_W \to min \qquad \textbf{(6) duale Zielfunktion des LP's}$$

$$\forall e \in E , \forall T \in \mathcal{T}:$$

$$\xi_e + \sum_{T \in \mathcal{C}} \xi_C + \sum_{T \in \mathcal{W}} \xi_W \geq c_e^{max} - c_{(T,e)} \qquad \textbf{(7) duale Nebenbedingung des LP's}$$

$$\xi \geq 0 \qquad \textbf{(8) allgemeine duale Nebenbedingung des LP's}$$

Bei den Variablen $\xi$ handelt es sich um die Schattenpreise (s. auch Abschnitt 3.4.3).

Bei Variation der rechten Seite des primalen Problems, also der Nebenbedingungen (2), (3) und (4), ergeben sich die folgenden geänderten Nebenbedingungen:

$$\forall e \in \mathrm{E}: \sum_{T \in P_e} x_{(T,e)} \le 1 + \Delta_e$$

**(9) Erfüllungsbedingung des LP's mit Variation der rechten Seite**

$$\forall C \in \mathcal{C}: \sum_{T \in C} x_{(T,e)} \le 1 + \Delta_C$$

**(10) Kapazitätsbedingung der Systemtrassen des LP's mit Variation der rechten Seite**

$$\forall W \in \mathcal{W}: \sum_{T \in W} x_{(T,e)} \le k + \Delta k$$

**(11) Wartegleisbedingung des LP's mit Variation der rechten Seite**

Die Änderungen weisen die folgenden anschaulichen Bedeutungen auf:

- $\Delta_{e=i} = -1$      die Nachfrage $i$ wird entfernt,

  $\Delta_{e=i} = n \in \mathbb{N}^{>0}$      die Nachfrage $i$ wird $n$-fach bedient;

- $\Delta_{C=i} = -1$      die Systemtrasse $i$ steht nicht mehr zur Verfügung,

  $\Delta_{C=i} = n \in \mathbb{N}^{>0}$      die Systemtrasse $i$ kann $n$-fach belegt werden;

- $-k_i \le \Delta k_i \le -1$      die Anzahl der Wartegleise im Bahnhof $i$ wird reduziert,

  bei $\Delta k = k$ auf null,

  $\Delta k_i = n \in \mathbb{N}^{>0}$      die Anzahl der Wartegleise wird um $n$ erhöht.

Weiterhin ergeben sich die folgenden geänderten Zielfunktionen:

$$\sum_{(T,e)} \left( c_e^{max} - c_{(T,e)} \right) \cdot \left( x_{(T,e)} + \Delta x_{(T,e)} \right) \to max$$

$$\sum_{e \in E} (1 + \Delta_e) \cdot \xi_e + \sum_{C \in \mathcal{C}} (1 + \Delta_C) \cdot \xi_C + \sum_{W \in \mathcal{W}} (k_W + \Delta k_W) \cdot \xi_W \to min$$

**(12)**      **Zielfunktionen des LP's nach Variation der rechten Seite des primalen LP's**

Dabei wird mit $\Delta x$ die sich aus der Variation der rechten Seite ergebende Änderung beschrieben.

Aufgrund des starken Dualitätssatzes müssen die Werte der Zielfunktionen des primalen und des dualen Problems für die jeweilige optimale Lösung übereinstimmen. Es gilt also für (1) und (6) mit den optimalen Lösungen $x^*$ des primalen und $\xi^*$ der dualen Lösung:

$$\sum_{(T,e)} \left(c_e^{max} - c_{(T,e)}\right) \cdot x_{(T,e)}^* = \sum_{e \in E} \xi_e^* + \sum_{C \in \mathcal{C}} \xi_C^* + \sum_{W \in \mathcal{W}} k \cdot \xi_W^*$$

**(13) starker Dualitätssatz für das Trassenbelegungsproblem**

Weil nach Änderung der rechten Seite die duale Lösung des ursprünglichen Problems nicht mehr notwendigerweise optimal sein muss, gilt für (12) nur der schwache Dualitätssatz:

$$\sum_{(T,e)} \left(c_e^{max} - c_{(T,e)}\right) \cdot \left(x_{(T,e)}^* + \Delta x_{(T,e)}^*\right)$$

$$\leq \sum_{e \in E} (1 + \Delta_e) \cdot \xi_e^* + \sum_{C \in \mathcal{C}} (1 + \Delta_C) \cdot \xi_C^* + \sum_{W \in \mathcal{W}} (k_W + \Delta k_W) \cdot \xi_W^*$$

**(14) schwacher Dualitätssatz für das Trassenbelegungsproblem nach Variation der rechten Seite**

Nach Umformen und Subtraktion von (13) folgt:

$$\sum_{(T,e)} \left(c_e^{max} - c_{(T,e)}\right) \cdot \Delta x_{(T,e)}^* \leq \sum_{e \in E} \Delta_e \cdot \xi_e^* + \sum_{C \in \mathcal{C}} \Delta_C \cdot \xi_C^* + \sum_{W \in \mathcal{W}} \Delta k_W \cdot \xi_W^*$$

**(15) Zusammenhang zwischen der Variation der rechten Seite und der Änderung der optimalen primalen Lösung des LP's**

Damit ergibt sich ein Zusammenhang zwischen der Änderung der optimalen Lösung des primalen Problems $\Delta x^*$ und der Änderung der rechten Seite des primalen Problems. Es können aus (15) zunächst keine Schlüsse auf die Zulässigkeit der Lösung gezogen werden. Außerdem ist es nicht möglich zwischen der Wirkung positiver und negativer Änderungen der rechten Seite zu differenzieren. Trotzdem lässt (15) bereits interessante prinzipielle Schlüsse über die Auswirkungen der Änderung der rechten Seite zu.

Zunächst wird der Fall betrachtet, dass eine bestimmte ursprünglich erfüllte Nachfrage $i$ durch $\Delta_{e=i} = -1$ entfernt wird. Dies führt zu $\Delta x_{(T=j,e=i)}^* = -1$. Da nur eine bestimmte Nachfrage betroffen sein soll vereinfacht sich (15) zu:

$$\Delta Z = \sum_{(T \neq j, e \neq i)} \left(c_e^{max} - c_{(T,e)}\right) \cdot \Delta x_{(T,e)}^* - \left(c_e^{max} - c_{(T,e)}\right) \leq -\xi_{e=i}^*$$

**(16) Änderung der Lösung infolge einer entfernten Nachfrage**

Der Term $\left(c_{e=i}^{max} - c_{(T=j,e=i)}\right)$ repräsentiert die Abnahme der Zielfunktion durch die nicht mehr erfüllte Nachfrage $i$. Der davon links stehende Summenterm repräsentiert die weitere Änderung des Zielfunktionswerts infolge von Änderungen der Belegung der übrigen Nachfragen durch die frei gewordene Kapazität der Systemtrasse $j$, welche ursprünglich von Nachfrage $i$ genutzt wurde. Die Aussage von (16) ist, dass der Zielfunktionswert mindestens um den Schattenpreis der ursprünglich erfüllten Nachfrage $i$ abnehmen muss. Dies ist plausibel, da die Nachfrage $i$ in der ursprünglichen Lösung erfüllt war, weil dies zu einem höheren Zielfunktionswert führte als stattdessen andere Nachfragen zu erfüllen oder anderen Nachfragen die Systemtrasse $j$ zuzuweisen. Die Entfernung der Nachfrage $i$ führt somit zwangsläufig zu einer Abnahme des Werts der Zielfunktion um den Schattenpreis $\xi_{e=i}^{*}$. Im Fall von $\xi_{e=i}^{*} = 0$ kann der Wert der Zielfunktion auch gleich bleiben.

Im umgekehrten Fall einer Verdoppelung der Nachfrage durch $\Delta_{e=i} = -1$ ergibt sich aus (15):

$$\Delta Z = \sum_{(T,e)} \left(c_e^{max} - c_{(T,e)}\right) \cdot \Delta x_{(T,e)}^{*} \leq \xi_{e=i}^{*}$$

**(17) Änderung der Lösung infolge einer verdoppelten Nachfrage**

Hier kann eine Erhöhung des Zielfunktionswert maximal den Wert des Schattenpreises $\xi_{e=i}^{*}$ der verdoppelten Nachfrage $i$ annehmen. Es wäre also potentiell günstig Nachfragen mit hohen Schattenpreisen mehrfach zu belegen.

Für die Systemtrassen und die Wartegleise ergeben sich ähnliche Ergebnisse:

- Erhöhung der Kapazität einer Systemtrasse oder eines Wartegleises → maximaler Anstieg des Zielfunktionswertes um den entsprechenden Schattenpreis,
- Verringerung der Kapazität einer Systemtrasse oder eines Wartegleises → Senkung des Zielfunktionswertes um mindestens den entsprechenden Schattenpreis.

Systemtrassen und Wartegleise mit hohen Schattenpreisen bieten also das beste Potential für weitere Verbesserungen des Wertes der Zielfunktion durch Erweiterungen der Kapazität. Andersherum kann nicht ohne weiteres gefolgert werden, dass Systemtrassen und Wartegleise mit Schattenpreisen mit dem Wert 0 entbehrlich sind. Hierdurch wird die prinzipielle Eignung der Schattenpreise als Kenngröße zur Identifikation von besonders relevanten Nachfragen und besonders wertvollen Kapazitäten bestätigt (s. auch Abschnitt 3.4.3). Praktische Tests mit einer Implementierung von OpSysTra (vgl. Abschnitt 3.3.2) belegen die aus (15) folgenden Schlussfolgerungen.

Die bisherigen Erkenntnisse lassen noch keine Aussagen darüber zu, auf welche Weise die Änderungen des Zielfunktionswerts erzielt werden. Prinzipiell können sich die Lösungen $x^*$ und $x^* + \Delta x^*$ vollkommen voneinander unterscheiden. Weiterhin sind genaue Aussagen zur Gültigkeit von Änderungen nicht möglich.

Zur genaueren Untersuchung wird die Definition des LP's wie folgt durch einen reellen Parameter $t$ ergänzt:

$$Z(t) = \sum_{(T,e)} \left(c_e^{max} - c_{(T,e)}\right)x_{(T,e)} \to max \qquad (18)$$

parametrische Zielfunktion des LP's

$$\forall e \in E^*: \sum_{T \in P_e} x_{(T,e)} \leq 1 + t \cdot \Delta_e \qquad (19)$$

parametrische Erfüllungsbedingung des LP's mit Variation der rechten Seite

$$\forall C \in \mathcal{C}: \sum_{T \in C} x_{(T,e)} \leq 1 + t \cdot \Delta_C \qquad (20)$$

parametrische Kapazitätsbedingung der Systemtrassen des LP's mit Variation der rechten Seite

$$\forall W \in \mathcal{W}: \sum_{T \in W} x_{(T,e)} \leq k + t \cdot \Delta k \qquad (21)$$

parametrische Wartegleisbedingung des LP's mit Variation der rechten Seite

$$x \geq 0, x \in (0; 1) \qquad \text{entspricht (5)}$$

Wie in (Akgül 1984) gezeigt wird, ist es mittels parametrischer linearer Programmierung nicht nur möglich die Auswirkung des Parameters $t$ auf die optimale Lösung $x^*(t)$ und das zulässige Intervall von $t$ für gültige optimale Lösungen zu untersuchen, sondern insbesondere einen Zusammenhang zwischen dem Anstieg der Zielfunktion $\dot{Z}(t)$ und den Schattenpreise herzustellen. Von besonderem Interesse ist die Tatsache, dass praktische LP's häufig über Ecken verfügen, welche sich aus verschiedenen Ungleichungen ergeben (Entartung des LP's). An diesen Stellen können sich für $t \geq 0$

und $t \leq 0$ verschiedene Anstiege $\dot{Z}(t)$ und entsprechend auch verschiedene Schattenpreise ergeben.

Zur Veranschaulichung wird das Folgende stark vereinfachte Beispiel genutzt, welches in Abbildung 3-11 dargestellt ist. Das Netz besteht aus 2 Strecken. Dabei ist die Strecke $A - b - f - d - E$ zweigleisig ausgebaut und es kann auch im Gegengleis gefahren werden. Die Strecke $b - c - d$ ist eingleisig ausgebaut und kürzer ist als die Teilstrecke b-f-d ist. Es sind die folgenden Systemtrassen, die auch in Teilabschnitten genutzt werden können, definiert:

- A-f-E mit einer Kapazität von 2 Nachfragen,
- A-c-E mit einer Kapazität von einer Nachfrage.

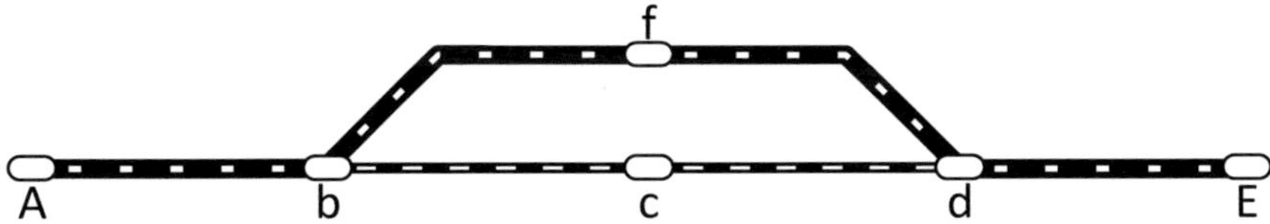


**Abbildung 3-11: Beispielnetz für Fallbeispiel parametrisches LP**

Schließlich existieren die folgenden Nachfragen mit jeweils 2 möglichen Wegen:

- $A - E$

  - über c $BFQ = 1$,
  - über f $BFQ = 1,2$,

- $b - d$

  - über c $BFQ = 1$,
  - über f $BFQ = 1,4$.

Der BFQ der Nachfrage $b - d$ über $f$ fällt wegen der geringeren Gesamtlänge der Nachfrage größer aus als für die Nachfrage $A - E$.

Die optimale Lösung für (1) mit $c_e^{max} = 2$ muss die in Abbildung 3-12 dargestellte Form mit dem Zielfunktionswert $Z = 1,8$ annehmen.

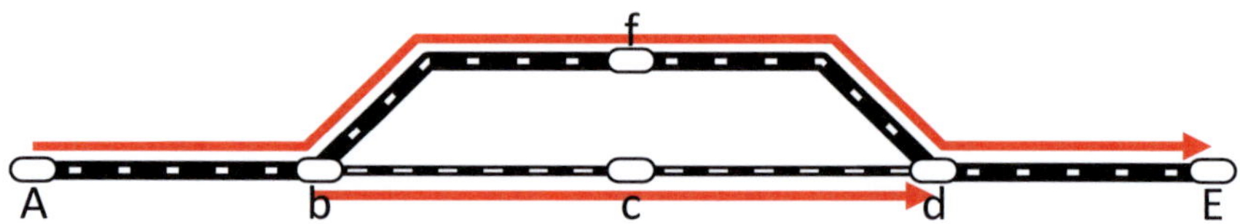

**Abbildung 3-12: Lösung für das Grundproblem des Fallbeispiels**

Würden die beiden Nachfragen getauscht, ergäbe sich $Z = 1{,}6$. Verliefen beide Nachfragen über $f$, beträgt $Z = 1{,}4$. Andere zulässige Lösungen existieren nicht. Die Schattenpreise ergeben sich zu

- Nachfrage $A - E$:  $\xi_{AE} = 0{,}8$,
- Nachfrage $b - d$:  $\xi_{bd} \in [0{,}6; 0{,}8]$,
- Systemtrasse $A - f - E$:  $\xi_{AfE} = 0$[7],
- Systemtrasse $A - c - E$:  $\xi_{AcE} \in [0{,}2; 0{,}4]$.

Beachtenswert sind die Bandbreiten der Schattenpreise $\xi_{bd}$ und $\xi_{AcE}$, welche aus der Entartung des LP's folgen. Beispiele für zulässige duale Lösungen sind:

- $\xi_{AE} = 0{,}8$; $\xi_{bd} = 0{,}6$, $\xi_{AfE} = 0$ und $\xi_{AcE} = 0{,}4$ mit $Z = \sum \xi = 1{,}8$,
- $\xi_{AE} = 0{,}8$; $\xi_{bd} = 0{,}8$, $\xi_{AfE} = 0$ und $\xi_{AcE} = 0{,}2$ mit $Z = \sum \xi = 1{,}8$.

Wird für die Systemtrasse $b - c - d$ der Wert $\Delta_{bcd} = 1$ festgelegt, ergeben sich die in Abbildung 3-13 dargestellten optimalen Lösungen in Abhängigkeit vom Parameter $t$.

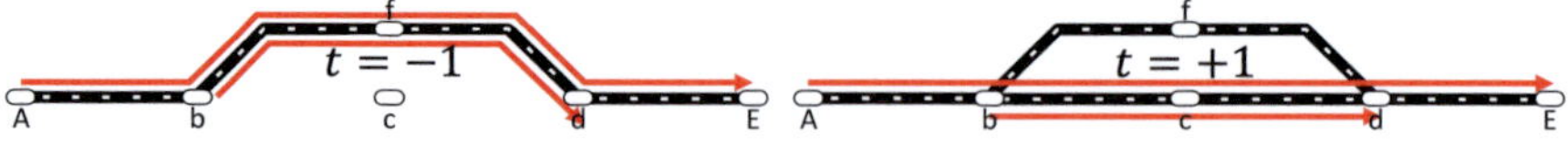

**Abbildung 3-13: Lösung für das parametrisierten Problems des Fallbeispiels**

Die Werte der Zielfunktion ergeben sich zu

- $Z(-1) = 1{,}4$ und
- $Z(+1) = 2$.

---

[7] Der Schattenpreis nimmt den Wert 0 an, weil die Kapazität nicht ausgenutzt wird.

Unter Vernachlässigung von $x \in \{0,1\}$ aus (5) folgt für $Z(t)$ die Abbildung 3-14. Werte unter $t = -1$ sind nicht sinnvoll. Zwischen $-1 \leq t \leq 0$ ändert sich der Zielfunktionswert um 0,4 und zwischen $0 \leq t \leq 1$ um 0,2. Für $t > 1$ würden sich keine anderen Zielfunktionswerte mehr ergeben.

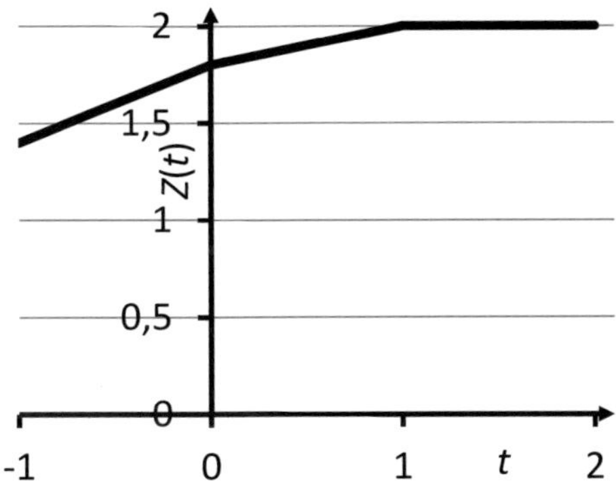


**Abbildung 3-14: Parametrisierte Zielfunktion des Fallbeispiels**

Die Änderungen der Zielfunktionswerte infolge der Kapazitätsänderung der Systemtrasse $A - c - E$ korrespondieren mit der Bandbreite der Schattenpreise der Systemtrasse $A - c - E$ $\xi_{AcE} \in [0,2; 0,4]$. Die untere Grenze der Bandbreite beschreibt dabei die Änderung des Zielfunktionswerts bei Vergrößerung der Kapazität, während die obere Grenze der Bandbreite die Änderung des Zielfunktionswertes bei Verkleinerung der Kapazität beschreibt (Akgül, 1984).

Ähnliches gilt für Nachfrage $b - d$. Hier entspricht die untere Grenze der Bandbreite der Schattenpreise der Änderung des Zielfunktionswerts bei Verkleinerung der Anzahl nachgefragter Trassen und die obere Grenze der Änderung des Zielfunktionswerts bei entsprechender Vergrößerung. Da sich für die Nachfrage $A - E$ sowie die Systemtrasse $A - F - E$ für $t \geq 0$ und $t \leq 0$ die jeweils gleichen Änderungen des Zielfunktionswerts ergeben, weisen deren Schattenpreise keine Bandbreiten auf. Die obere Grenze der Bandbreite der Schattenpreise entspricht also der Änderung des Zielfunktionswerts infolge von höheren Ausnutzungsgraden der Infrastruktur, z. B. durch erhöhte Nachfragen oder sinkende Kapazität. Die untere Grenze der Bandbreite der Schattenpreise hingegen lässt eine Abschätzung für geringere Ausnutzungsgrade der Infrastruktur, z. B. durch sinkende Nachfragen oder steigende Kapazitäten, zu.

Wird das parametrisierte LP mittels des Simplexalgorithmus gelöst, können die Änderungen der Lösung $\Delta x^*(t)$ in Abhängigkeit vom Parameter $t$ direkt aus dem Simplextableau abgelesen werden. Ebenso ergibt sich das Intervall von $t$, für das gültige Lösungen vorliegen, auch aus dem Tableau.

Zusammenfassend kann festgestellt werden, dass über die Variation der rechten Seite des LP's die Auswirkungen von Änderungen der Nachfrage und der Kapazität abgeschätzt werden können. Zudem ist prinzipiell eine differenzierte Bewertung der zu erwartenden Auswirkungen für sowohl zunehmende als auch abnehmende Ausnutzungsgrade der Infrastruktur möglich. Allerdings ergeben sich in der konkreten Anwendung auch praktische Probleme, welche die vorgestellte Methodik in ihrem Nutzen einschränken. Für diese Probleme sind insbesondere die folgenden 2 Ursachen zu nennen:

- Ganzzahligkeit der Ergebnisse und
- Methode der Spaltengenerierung.

Um ganzzahlige Ergebnisse zu erzielen werden die zumeist nicht ganzzahligen Ergebnisse, wie unter Abschnitt 3.3.2 beschrieben, mittels einer Rundungsheuristik auf ein ganzzahliges Ergebnis umgerechnet. Die zuvor berechneten Schattenpreise gelten aber für das gebrochene Ergebnis. Die Aussagekraft der Schattenpreise wird hierdurch nicht grundsätzlich in Frage gestellt. Aber der oben gezeigte direkte Zusammenhang zwischen den Schattenpreisen und der Änderung des Zielfunktionswerts wird dadurch abgeschwächt. Abhilfe könnte ein Schnittebenenverfahren schaffen, welches durch zusätzliche Nebenbedingungen ganzzahlige Ergebnisse erzielt, für welche die oben beschriebenen Zusammenhänge und Methoden ohne Einschränkung gültig wären.

Die Methode der Spaltengenerierung basiert darauf, dass in einem iterativen Verfahren ausgehend von einer Startlösung nur diejenigen Variablen des LP's berücksichtigt werden, welche mittels der Lösung des Pricing-Problems als für die optimale Lösung besonders wertvoll identifiziert wurden. Anders gesagt kommen viele Variablen, welche zur vollständigen Beschreibung des Optimierungsproblems erforderlich wären, in der optimalen Lösung des LP's nicht vor. Hieraus folgt, dass Änderungen der rechten Seite, welche zu einem stärkeren Ausnutzungsgrad der Infrastruktur führen würden, häufig unzulässig sein werden, weil aufgrund der fehlenden Variablen eine Verlagerung der Nachfragen nicht möglich ist. Daraus folgt, dass in einem solchen Fall eine Abschätzung der oberen Schranken der Bandbreite der Schattenpreise nicht möglich ist. Diese Einschränkung ließe sich aber dadurch beheben, dass die Spaltengenerierung auch im Rahmen der Lösung des parametrischen LP's zum Einsatz kommt, um die fehlenden Spalten zur Berechnung der oberen Schranke der Bandbreite der Schattenpreise zu erzeugen.

### 3.8.2 Sensitivitätsanalyse – Simulation

Wie im vorigen Abschnitt festgestellt wurde, bietet die Variation der rechten Seite des LP's vielfältige Möglichkeiten zur Untersuchung der Auswirkung von Änderungen der Nachfrage oder der Kapazität. Änderungen an der Struktur des LP's durch veränderte Verläufe der Systemtrassen, grundlegend veränderte Nachfrageströme und weitgehende Änderungen an der Reihenfolge der Nachfragen lassen sich aber mit der beschriebenen Methodik nicht ohne weiteres untersuchen. Für die Untersuchung des Bestellprozesses insbesondere des Gelegenheitsverkehrs ergibt sich zudem das zusätzliche Problem, dass, wie unter Abschnitt 3.7.1 festgestellt wurde, der Gelegenheitsverkehr sequentiell eingelegt wird. Daher wird kein LP gelöst und es ergeben sich in der Folge keine Schattenpreise. Auch wenn die Trassen des Gelegenheitsverkehrs gebündelt belegt und damit partiell optimiert werden, führt die Aufteilung der Nachfrage dazu, dass die sich jeweils ergebenden Schattenpreise schwer vergleichbar sind. Ursache hiervon ist der Umstand, dass dem Netzfahrplan sehr viele Systemtrassen zur Verfügung stehen, weshalb sich eher geringe bis keine Schattenpreise ergeben. Im Gegensatz dazu stehen aber für den Gelegenheitsverkehr mit fortschreitendem Bestellprozess immer weniger Trassen zur Verfügung.

Aufgrund der oben ausgeführten Einschränkungen der Sensitivitätsanalyse auf Basis der Variation der rechten Seite kommt zusätzlich das unter Kapitel 3.7 beschriebene Simulationsverfahren zum Einsatz. Hierfür werden anhand eines Beispielnetzes, welches bereits in Abschnitt 3.6.1 beschrieben ist, die folgenden Untersuchungen durchgeführt:

- Untersuchung der Robustheit der Belegung gegen Änderungen des Bestellverlaufs,

- Untersuchung der Stabilität der Kapazitätsausnutzung gegen verschiedener Bestellverläufe mit Qualitätskriterium und

- Untersuchung der Kapazitätsausnutzung gegen veränderte Nachfragestrukturen und Belegungsgrenze.

### 3.8.2.1 Daten

Der Grundfahrplan, d. h. die 174 Nachfragen (vgl. Abschnitt 3.6.1) ist wie folgt in Netzfahrplan und Gelegenheitsverkehr aufgeteilt:

- 69 Züge Netzfahrplan,
- 105 Züge Gelegenheitsverkehr.

Wie unter Abschnitt 3.2.1beschrieben, ist der Netzfahrplan mit OpSysTra (vgl. Abschnitt 3.3.2) belegt. Konflikte liegen nicht vor, sodass die Verfahren gemäß Abschnitt 3.5.2.5 nicht berücksichtigt werden müssen. Anschließend erfolgte eine sequentielle Belegung des Gelegenheitsverkehrs. Die Methode der sequentiellen Belegung unterscheidet sich zwischen den einzelnen Untersuchungen. Die sequentielle Belegung erfolgt im Allgemeinen über die Gesamtanzahl der Nachfragen des Originalfahrplans hinaus.

### 3.8.2.2 Allgemeine Erkenntnisse

Zunächst wurde der Einfluss verschiedener Methoden der Erzeugung des Bestellverlaufs getestet. Zum Einsatz kamen die folgenden Methoden:

- Erzeugen neuer Züge durch kopieren (abrollen),
- Variation der Uhrzeit,
- Stornierungen sowie
- Kombinationen.

Die Ergebnisse sind in Abbildung 3-15 dargestellt. Dabei wurde der mittlere BFQ über der Anzahl belegter Trassen dargestellt. Es zeigen sich die folgenden Eigenschaften:

- Netzfahrplan:
  Alle Szenarien ohne Stornierungen verhalten sich für den Netzfahrplan gleich, da dieser immer mittels Optimierung belegt wurde.

- Abrollen:

  Beim Abrollen wurden Züge über die vorgegebene Anzahl des realen Fahrplans von 174 Zügen hinaus durch kopieren erzeugt. Dadurch liegen diese auf den Wunschabfahrzeiten bereits belegter Züge, weshalb sich bei 174 eine deutliche Verschlechterung des mittleren BFQ ergibt.

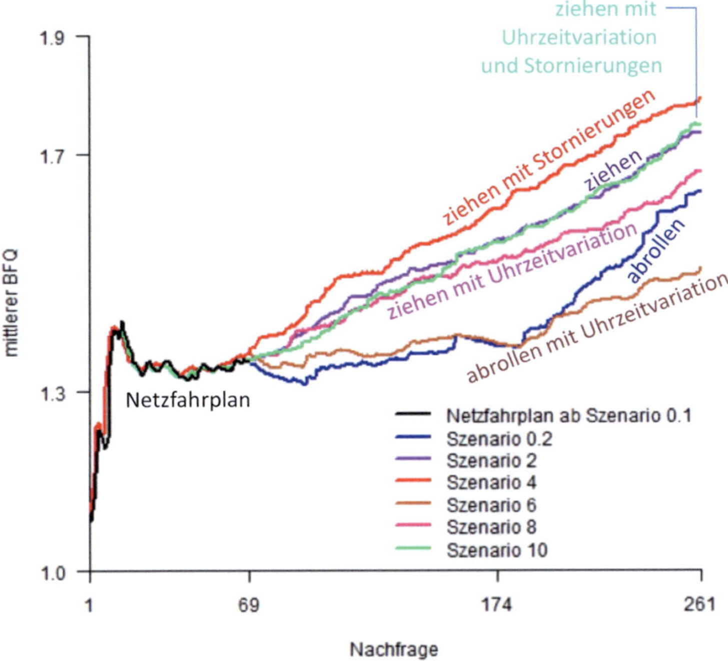


**Abbildung 3-15: Grundlegende Untersuchung zur Simulation der Trassenbelegung**

- Abrollen mit Uhrzeitvariation:

  Anders als beim reinen „Abrollen" werden die Wunschabfahrzeiten aller Züge geringfügig variiert. Es folgt der im Vergleich zum reinen „Abrollen" günstigere Verlauf.

- Ziehen:

  Beim Ziehen werden die Züge in zufälliger Reihenfolge aus dem Originalfahrplan bestellt. Durch die veränderte Reihenfolge ergibt sich ein ungünstigerer

Verlauf als beim Abrollen. Mehrfach bestellte Züge weisen die gleichen Wunschabfahrzeiten auf.

- Ziehen mit Uhrzeitvariation:

  Es ergibt sich wegen der Variation der Wunschabfahrzeit ein günstigerer Verlauf als beim reinen Ziehen.

- Ziehen mit Stornierungen:

  Dieses Szenario unterscheidet sich im Bereich des Netzfahrplans, da auch Züge aus dem Netzfahrplan storniert wurden. Durch die Stornierungen kommt es zu einer ungünstigeren Kapazitätsausnutzung. Es folgt der ungünstigste Verlauf aller Szenarien.

- Ziehen mit Uhrzeitvariation und Stornierungen:

  Dieses Szenario unterscheidet sich im Bereich des Netzfahrplans, da wieder Züge aus dem Netzfahrplan storniert wurden. Es ergibt sich wegen der Variation der Wunschabfahrzeit ein günstigerer Verlauf als beim reinen Ziehen mit Stornierungen.

Für die folgenden Untersuchungen wurden Wunschabfahrzeiten um bis zu $24\,h$ verändert, die Reihenfolge der Bestellung zufällig bestimmt und Stornierungen vorgenommen. Sie entsprechen daher alle dem Szenario Ziehen mit Uhrzeitvariation und Stornierungen.

### 3.8.2.3 Untersuchung der Robustheit der Belegung

Für die Untersuchung der Robustheit wurde ein Bestellverlauf mit 500 Bestellvorgängen, davon 10 % Stornierungen, erzeugt. Dieser wurde anschließend variiert indem die Wunschabfahrzeiten um $\pm15$ min und um $\pm120$ min verändert wurden ohne Veränderung der Reihenfolge des Bestellverlaufs.

In Abbildung 3-16 dargestellt sind der mittlere BFQ sowie die Standardabweichung des BFQ. Die Ordinate ist binär logarithmisch abgetragen. Auf der Abszisse wird die Anzahl der belegten Züge dargestellt. Ca. ab 174 Zügen, der Anzahl Züge im realen Grundfahrplan, nimmt die Standardabweichung merklich zu. Insbesondere Im Bereich bis 174 Züge ergeben die 3 Läufe für Mittelwert und Standardabweichung sehr ähnliche Ergebnisse.

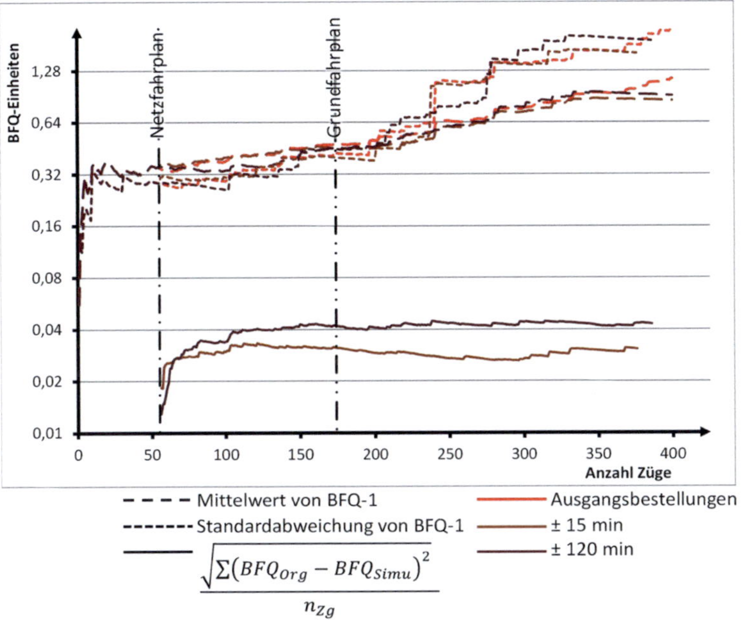


$$\sqrt{\frac{\Sigma(BFQ_{Org} - BFQ_{Simu})^2}{n_{Zg}}}$$

**Abbildung 3-16: Ergebnisse der Untersuchung der Robustheit der Belegung**

Für die beiden Läufe mit Variation der Wunschabfahrzeit gegenüber dem Ausganglauf wurde noch ein quadratischer Fehlerabstand berechnet. Die sich ergebenden Werte sind sehr klein und weisen einen annähernd konstanten Verlauf auf. Das Belegungserfahren erweist sich als recht robust gegenüber Änderungen der Wunschabfahrzeit relativ zu einem vorgegebenen Bestellverlauf.

### 3.8.2.4 Untersuchung der Stabilität der Kapazitätsausnutzung

Ziel der zweiten Untersuchung ist es, die Stabilität der Kapazitätsausnutzung zu untersuchen. Hierfür werden jeweils 5 vollkommen verschiedene Bestellverläufe untersucht. Die einzelnen Läufe unterscheiden sich in Bestellreihenfolgen, Wunschabfahrzeiten, Zugauswahl und den konkreten Stornierungen voneinander.

Wie in Abbildung 3-17 sind auch in Abbildung 3-18 der mittlere BFQ sowie die Standardabweichung des BFQ dargestellt. Die Ordinate ist linear abgetragen, da hier kein Fehlermaß mit dargestellt wird.

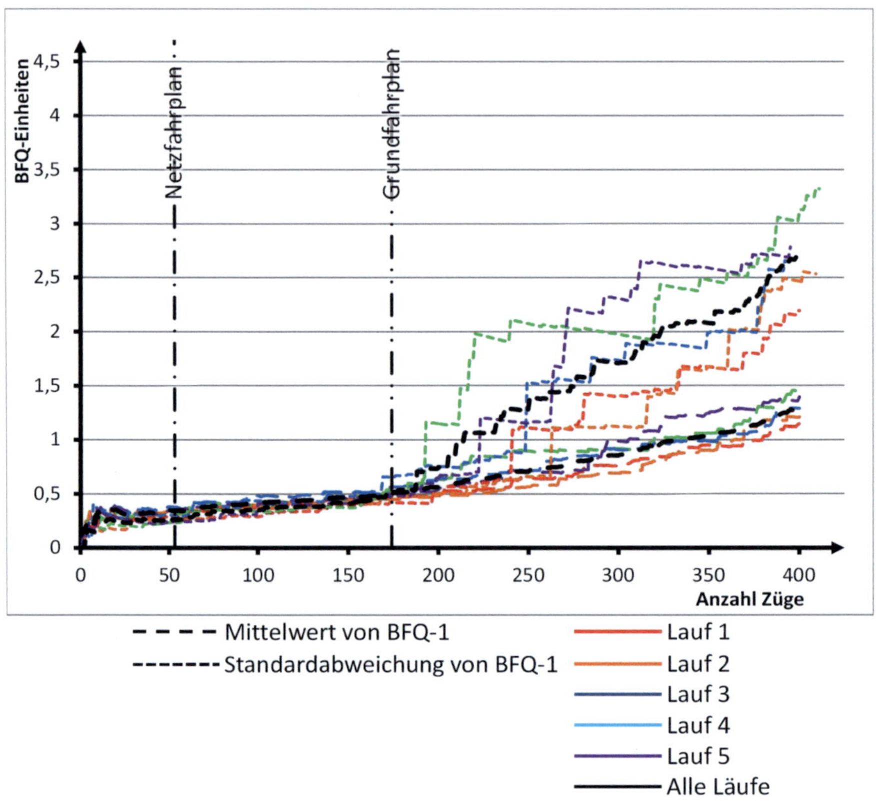


**Abbildung 3-17: Ergebnisse der Untersuchung der Stabilität der Kapazitätsausnutzung**

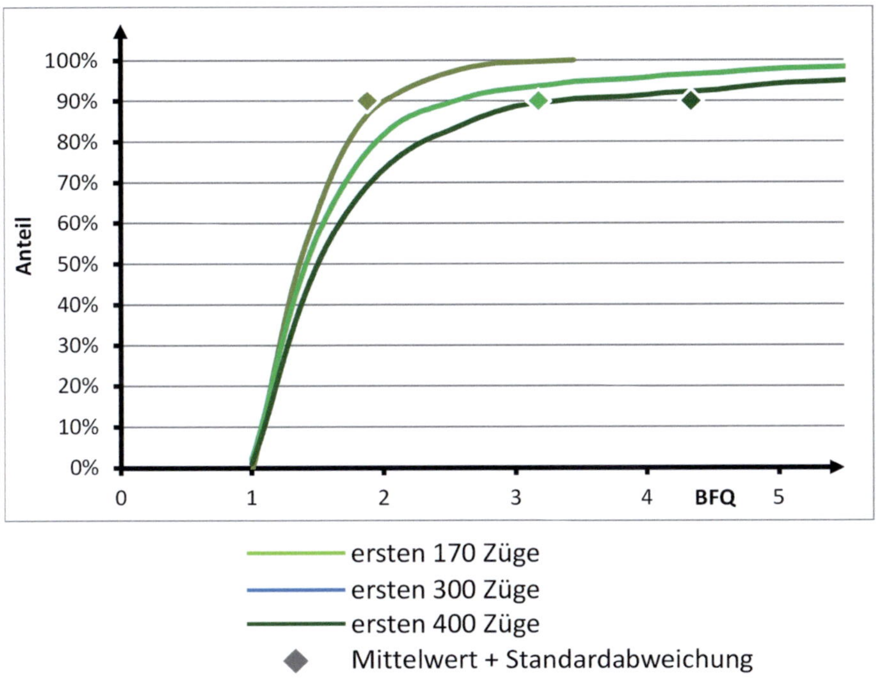


**Abbildung 3-18: Vergleich der Verteilung der BFQ's mit Mittelwert und Standardabweichung**

Die Mittelwerte der einzelnen Läufe liegen über der gesamten Breite weitgehend übereinander. Dies gilt bis 174 Züge, der Anzahl der Züge des realen Grundfahrplans, auch für die Standardabweichung. Ab 174 Zügen ergeben sich deutliche Unterschiede zwischen den Standardabweichungen der einzelnen Läufe. Außerdem nimmt der Anstieg der Standardabweichung ab 174 Zügen deutlich zu. Gründe für dieses Verhalten ist zum einen, dass das Systemtrassengefüge für den Grundfahrplan ausgelegt ist. Zum anderen führen die simulierten Nachfragesteigerungen dazu, dass ab 174 Zügen vermehrt einzelne Belegungen mit sehr ungünstigen BFQ's auftreten. Diese einzelnen Belegungen mit hohen BFQ's sind gut an den Sprüngen im Verlauf der Kurven der Standardabweichung zu erkennen.

Werden die Verteilungen der BFQ für verschieden Anzahlen belegter Züge verglichen, zeigt sich, dass jeweils ca. 90 % der Züge einen BFQ aufweisen, welcher unter der Summe aus Mittelwert und Standardabweichung des BFQ liegt. Dieser Umstand wird in Abbildung 3-19 als Vorschlag für ein Qualitätskriterium genutzt indem noch eine

Obergrenze für den mittleren BFQ festgelegt wird. Aus dieser Abbildung lässt sich ablesen, dass bei einer Anzahl von ca. 210 Zügen 90 % der Züge einen mittleren BFQ unterhalb von 1,5 aufweisen. Der Anteil der betrachteten Züge kann durch einen veränderten Anteil der Standardabweichung in Abbildung 3-18 angepasst werden. Alternativ könnten auch direkt die diskreten Verteilungen genutzt werden. Der Ansatz eine Summe aus Mittelwert und Standardabweichung zu nutzen ist einfacher in der Handhabung.

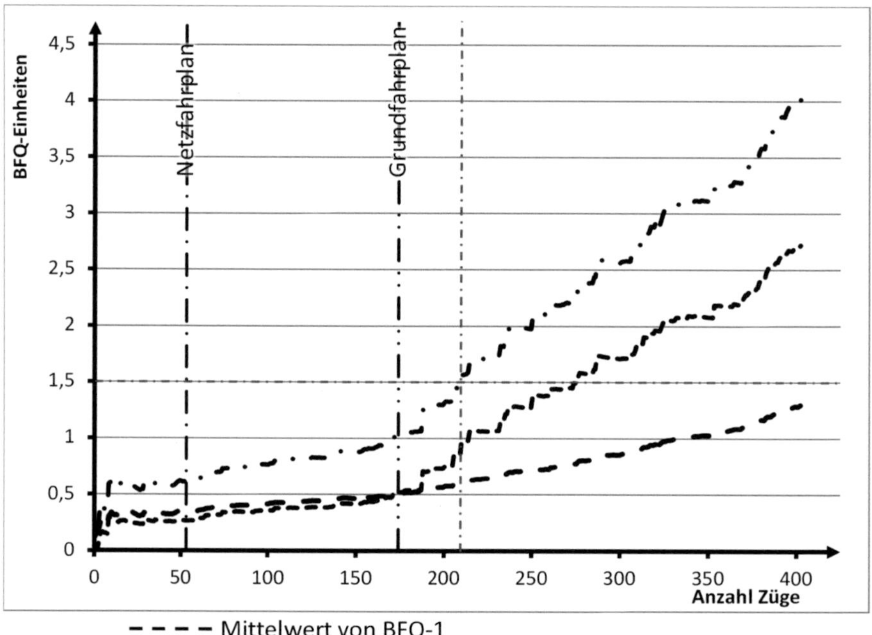


**Abbildung 3-19: Qualitätskriterium der Stabilität der Kapazitätsausnutzung**

### 3.8.2.5 Untersuchung der Kapazitätsausnutzung mit veränderter Nachfragestruktur

In der vorigen Untersuchung zeigte sich, dass eine stabile Kapazitätsausnutzung nutzendes Systemtrassengefüge nur bis zu einer bestimmten Belegungsgrenze möglich ist. Oberhalb dieser Grenze ergeben sich vermehrt Belegungen mit sehr ungünstigen

BFQ's. In der letzten Untersuchung soll daher der Einfluss des Systemtrassengefüges auf die Stabilität der Kapazitätsausnutzung untersucht werden. Dazu wird das Systemtrassengefüge beibehalten, aber die Struktur Nachfragen geändert. Diese Änderung erfolgt, wie in Abbildung 3-20 dargestellt, dadurch, dass der Anteil der Nachfragen mit bestimmten Richtungen verändert wird. Im realen Grundahrplan waren beide Richtungen ungefähr gleich vertreten. In den beiden abgzewandelten Szenarien wird jeweils der Anteil einer der Richtungen auf 75 % erhöht.

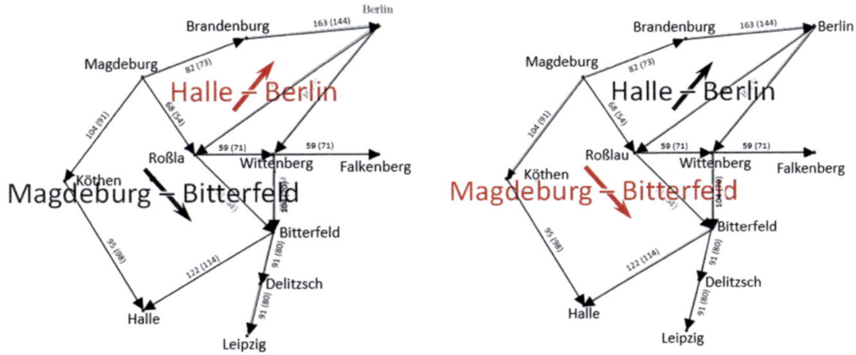



**Abbildung 3-20: Änderung der Richtungshäufigkeit der Nachfragen**

Es zeigt sich, dass das Nachfragegefüge großen Einfluss auf die Stabilität der Kapazitätsausnutzung hat. In der Richtung Halle – Berlin können mehr Nachfragen innerhalb des oben definierten Qualitätskriteriums belegt werden. In der Richtung Magdeburg – Bitterfeld können weniger belegt werden (Abbildung 3-21).

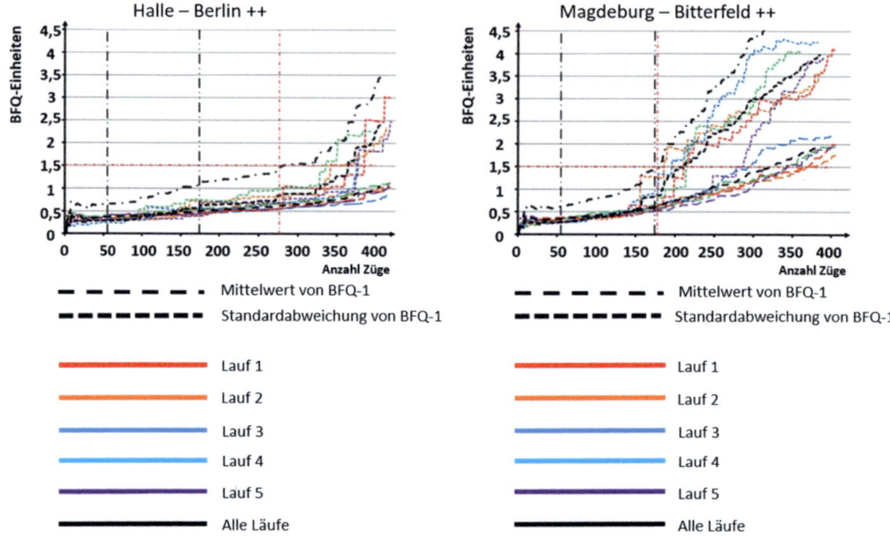



**Abbildung 3-21: Vergleich der Szenarien mit geänderter Richtungshäufigkeit der Nachfragen**

Ursache hierfür ist die Geometrie des Netzes. In der Richtung Magdeburg – Bitterfeld ergeben sich längere Umwege für den Fall, dass die direkte Systemtrasse bereits belegt ist.

Abschließend soll untersucht werden, ob sich ein weiteres Kriterium als obere Grenze der Belegung definieren lässt. Als Ansatz kommt die Anzahl der abgelehnten (Infeasible) Nachfragen zum Einsatz. Wie aus Abbildung 3-22 zu erkennen, werden im Szenario Magdeburg – Bitterfeld nicht nur vermehrt Trassen mit schlechter Qualität belegt, sondern auch sehr viele Trassen gar nicht belegt. Auch für die Ablehnungen lässt sich eine Obergrenze definieren. Diese führt zu qualitativ anderen Belegungsgrenzen als das oben definierte Qualitätskriterium. Die Grundvariante und das Szenario Halle – Berlin unterscheiden sich beispielsweise beim Qualitätskriterium. Beim Ablehnungskriterium unterscheiden sie sich kaum.

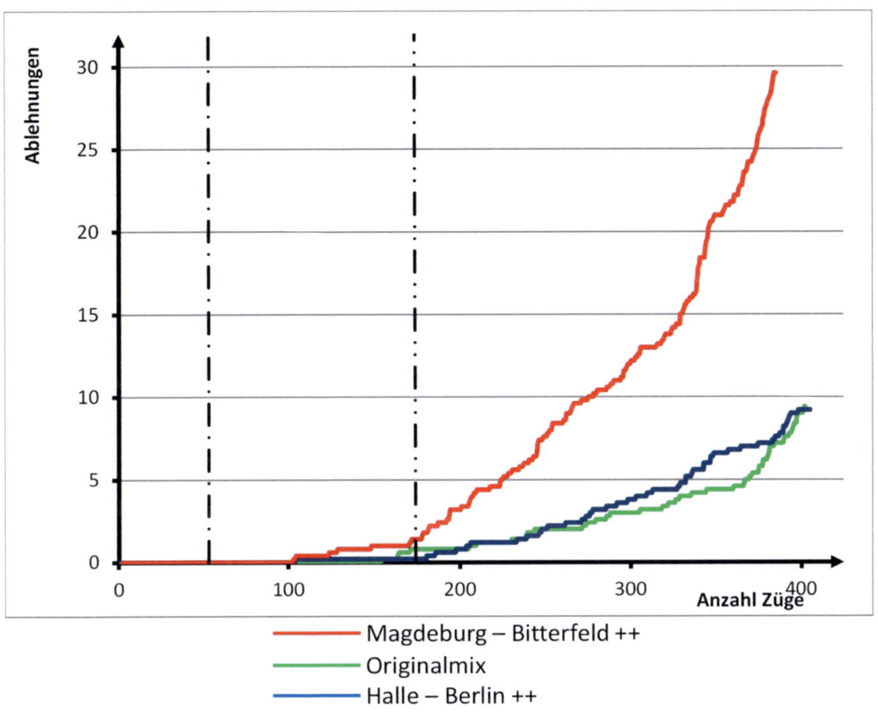


**Abbildung 3-22: Abgelehnte Nachfragen über der Anzahl der belegten Nachfragen**

## 3.9 Ergebnisse des Teilprojektes ATRANS 2.1

Die Industrialisierung des Fahrplans und die daraus resultierende Trennung von Zug und Trasse hat weitreichende Veränderungen in der Fahrplanung zur Folge. Die bisherige Recherche hat gezeigt, dass zurzeit nur ein praxistaugliches Verfahren existiert, welches Teilsystemtrassen sinnvoll auf Basis von Trassenanfragen verknüpfen kann. Es wurden verschiedene Kenngrößen ermittelt, welche sich zum Teil aus dem Lösungsprozess des ermittelten Verfahrens ergeben oder sogar als Optimierungskriterium in der Zielfunktion verwenden lassen. Weiter wurde geprüft inwiefern sich das Verfahren zur diskriminierungsfreien Belegung von Systemtrassen eignet und welche Erweiterungen für einen gesetzlich unanfechtbaren Einsatz nötig sind.

# 4 Entwicklung und Evaluierung eines synchronen heuristischen Ansatzes zur Belegung anforderungsgerechter Trassenstrukturen (ATRANS 2.2)

**Dieses Kapitel ist als separate Veröffentlichung von der TU Darmstadt, Institut für Bahnsysteme und Bahntechnik, vorgesehen.**

# 5 Fazit und Ausblick

Durch die universitätsübergreifende Zusammenarbeit haben die drei Forschungsein-richtungen ihre individuellen Stärken in das gemeinsame Forschungsprojekt einge-bracht, so dass eine wissenschaftlich anspruchsvolle und innovative Lösung für eine effizientere Infrastrukturnutzung erarbeitet werden konnte, die den objektiven Druck auf einen extensiven Infrastrukturneubau dämpft. Mathematisch-wissenschaftliche Methoden und modernste Rechentechnik ermöglichen es, die historisch gewachsenen Strukturen des Trassenmanagements auf eine neue Qualitätsstufe zu heben. Die im Verbundprojekt entwickelten Algorithmen erfüllen die Anforderungen an das zukünf-tige Trassenmanagement. Im Zuge der Industrialisierung des Fahrplans und der damit verbundenen Systematisierung des Schienengüterverkehrs werden kapazitätsopti-male Algorithmen für die Konstruktion und Belegung von Systemtrassen unumgäng-lich. Mit den in dieser Arbeit vorgestellten Algorithmen können Fahrpläne, die eine ef-fiziente Infrastrukturnutzung und gleichzeitig eine definierte Betriebsqualität ermögli-chen, automatisiert berechnet werden.

Das im Teilprojekt ATRANS 1 vorgestellte Verfahren zur Bildung von Trassenbündeln bietet durch die Neuanordnung von Zeitreserven die Möglichkeit, zusätzliche freie Zeit-fenster im Trassengefüge zu gewinnen. Diese können genutzt werden um zusätzliche Systemtrassen in das bestehende Trassengefüge zu integrieren um die Kapazität der Infrastruktur optimal auszunutzen. Aus den zusätzlich gewonnenen Zeitlücken werden Teilsystemtrassen erzeugt, die mit den simulativen Verfahren in ATRANS 2.1 belegt werden. Das in ATRANS 2.1 vorgestellte simultane Verfahren zeigt die derzeitigen Möglichkeiten zur Belegung von Systemtrassen für einen Netzfahrplan. Zusätzlich wurde ein Programmsystem entwickelt, welche auf Basis einer Ereignisorientierten Si-mulation den Bestellprozess im Gelegenheitsverkehr abbilden kann. Im Weiteren konnten insbesondere Im Rahmen der Sensitivitätsanalyse eine Methodik zur detail-lierten Bewertung und Engpassanalyse im Rahmen der Belegung von Systemtrassen aufgezeigt werden.

Dabei wird dem Aspekt der Diskriminierungsfreiheit und dessen Berücksichtigung in Belegungsverfahren besonderer Wert beigemessen. Die Zuverlässigkeit der belegten Teilsystemtrassen wird mit einer Sensitivitätsanalyse bewertet.

Der im Teilprojekt ATRANS 2.2[8] entwickelte heuristische Ansatz, verfolgt die Idee Systemtrassen nachfragegetrieben automatische zu konstruieren. Dabei könne Engpässe frühzeitig erkannt und darauf mit geeigneten Konfliktlösungsstrategien reagiert werden. Darüber hinaus werden Engpässe frühzeitig identifiziert und Konfliktlösungen abgeleitet. Die grundlegende Bedeutung der Methodik lässt eine weitreichende Wirkung im eisenbahnbetriebswissenschaftlichen Umfeld erwarten, die auch als Ausgangspunkt für weitere künftige Grundlagenforschung dienen wird.

Durch das erfolgreich bearbeitete Forschungsprojekt und die zielgerichtete interdisziplinäre Zusammenarbeit der unterschiedlichen Forschungseinrichtungen konnte ein wesentlicher Beitrag in der Grundlagenforschung im Bereich der Eisenbahnbetriebswissenschaft geleistet werden, der auch zu weiteren innovativen Forschungsideen angeregt.

---

[8] Zum Teilprojekt ATRANS 2.2 ist eine gesonderte detaillierte Veröffentlichung von der TU Darmstadt vorgesehen.

# Literaturverzeichnis


Akgül, M. (1984): A Note on Shadow Prices in Linear Programming. The Journal of the Operational Research Society, Vol. 35, No. 5, pp. 425-431.

Beck, M. (2014): Die Fahrplanung wird industrialisiert. Eisenbahntechnische Rundschau(07+08), p. 3.

Borndörfer, Ralf; Erol, Berkan; Graffagnino, Thomas; Schlechte, Thomas; Swarat, Elmar (Hg.) (2014): Optimizing the Simplon railway corridor. Annals of Operations Research.

Borndörfer, Ralf; Grötschel, M.; Lukac, S.; Mitusch, K.; Schlechte, T.; Schultz, S.; Tanner, A. (2006): An auctioning approach to railway slot allocation. In: *Competition and Regulation in Network Industries* (2), S. 163–196.

Borndörfer, Ralf; Schlechte, Thomas (Hg.) (2007): Solving Railway Track Allocation Problems. Operations Research Proceedings.

Bundesnetzagentur für Elektrizität, Gas, Telekommunikation, Post und Eisenbahnen (2017): Über unsere Aufgaben. Retrieved 07 10, 2017, from https://www.bundesnetzagentur.de/DE/Sachgebiete/Eisenbahnen/UeberunsereAufgaben/ueberunsereaufgaben-node.html. Online verfügbar unter www.bundesnetzagentur.de/DE/Sachgebiete/Eisenbahnen/UeberunsereAufgaben/ueberunsereaufgaben-node.htm.

Cacchiani, V.; Caprara, A.; Toth, P. (2010): Scheduling extra freight trains on railway networks. Transportation Research Part B, 44, pp. 215 - 231.

Cachiani, Valentina; Toth, Paolo (2012): Nominal and robust train timetabling problems. In: *European Journal of Operational Research* 2012 (3(219)), S. 727–737.

Caimi, Gabrio; Kroon, Leo; Liebchen, Christian (2017): Models for railway timetable optimization: Applicability and applications in practice. In: *Journal of Rail Transport Planning & Management* (4), S. 285–312.

Cetin, S. K. (2015): Untersuchung von Verfahren zur Belegung von Systemtrassen im Schienengüterverkehr. Hauptseminar. TU Dresden.

Cui, Yong; Martin, Ullrich; Zhao, Weiting; Cao, Nan (2014): Entwicklung eines Algorithmus für die Kalibrierung von Modellen zur Betriebssimulation in spurgeführten Verkehrssystemen unter Berücksichtigung stochastischer Bedingungen. Norderstedt: BoD - Books on Demand (Neues verkehrswissenschaftliches Journal - NVJ, Ausgabe 9).

DB Netz AG (2008): DB Richtlinie 405: Fahrwegkapazität.

DB Netz AG (2010): Das Trassenpreissystem 2016 der DB Netz AG. Retrieved 10 04, 2016, from https://fahrweg.dbnetze.com/file/fahrweg-de/.

DB Netz AG (2012): DB Richtlinie 402: Trassenmanagement.

DB Netz AG (2013): DB Netz AG verbessert Angebot auf Frachtkorridoren. NetzNachrichten(1), p. 1. Retrieved from NetzNachrichten.

Dubrau, F. (2016): Konzept und Validierung einer Simulation zur Überprüfung der Belegung von Systemtrassen. Diplomarbeit. TU Dresden, Sachsen, Deutschland: -.

EEIG Corridor Rhine-Alpine EWIV (2018): Corridor Information Document, TimeTable 2018, Book 4 – Procedures for Capacity and Traffic Management. Retrieved 07 28, 2017, from https://www.corridor-rhine-alpine.eu/downloads.html. Online verfügbar unter www.corridor-rhine-alpine.eu/downloads.htm.

Europäischen Union (2012): Konsolidierte Fassung des Vertrags über die Arbeitsweise der Europäischen Union (AEUV) 2012/C 326/01.

Fabris, Stefano de; Longo, Giovanni; Medeossi, Giorgio; Pesenti, Raffaele (2014): Automatic generation of railway timetables based on a mesoscopic infrastructure model. In: *Journal of Rail Transport & Management* (1-2), S. 2–13.

Feil, Matthias; Pöhle, Daniel (Hg.) (2014): Why Does a Railway Infrastructure Company Need an Optimized Train Path Assignment for Industrialized Timetabling? Operations Research Proceedings 2014.

Girardet, D.; Müller, J.; Ott, A.; Zils, M. (2014): Zurück in die Spur - die Zukunft des Schienengüterverkehrs. ETR - Eisenbahntechnische Rundschau, 88 - 91.

Gröger, Thomas (2007): Simulation der Fahrplanerstellung auf der Basis eines hierarchischen Trassenmanagements und Nachweis der Stabilität der Betriebsabwicklung. Dissertation. RWTH Aachen.

Großmann, P.; Labinsky, A.; Opitz, J.; Weiß, R. (2013): Capacity-utilized Integration and Optimization of Rail Freight Train Paths into 24 Hours Timetables. Proceedings of the 3rd International Conference on Models and Technologies for Intelligent Transport Systems (pp. 389 - 396). Dresden: TUDpress.

Holzhey, Michael (2010): Schienennetz 2025/2030. Ausbaukonzeption für einen leistungsfähigen Schienengüterverkehr in Deutschland. Dessau-Roßlau: Selbstverl. (Texte / Umweltbundesamt, 42/2010). Online verfügbar unter http://www.uba.de/uba-info-.

Li, Xiaojun; Martin, Ullrich (2017): Anforderungsgerechte Systematik zur Gestaltung von Zeitreserven im Bahnbetrieb - Abschlussbericht. Einzelantrag auf Sachbeihilfe im Rahmen des Verbundprojektes Anforderungsgerechte Trassenstrukturen und deren Belegung im Netz von Schienenbahnen (ATRANS) (MA 2326/14-1) (unveröffentlicht).

Li, Xiaojun; Martin, Ullrich (Hg.) (2018): Anforderungsgerechte Systematik zur Gestaltung von Zeitreserven im Bahnbetrieb - Teilprojekt des DFG-Forschungsprojekts ATRANS. Verkehrswissenschaftliche Tage 2018, 2018. Dresden.

Li, Xiaojun; Martin, Ullrich; Oetting, Andreas; Nachtigall, Karl (2017): Methodik zur effizienten marktgeeigneten Trassenbelegung im spurgeführten Verkehr. In: *Eisenbahntechnische Rundschau ETR* 66 (6), S. 56–64.

Liebchen, Christian (2006): Periodic timetable optimization in public transport. Dissertation. Technische Universität Berlin, Berlin.

Martin, Ullrich; Chu, Zifu (2014): Direkte experimentelle Bestimmung der maximalen Leistungsfähigkeit bei Leistungsuntersuchungen im spurgeführten Verkehr. Neues verkehrswissenschaftliches Journal – Band 07. Norderstedt: Books on Demand GmbH.

Martin, Ullrich; Schmidt, Christine; Chu, Zifu (2011a): PULEIV Anwendungsleitfaden. zur PULEIV - Version 2.1. Anleitung zur Ermittlung des Leistungsverhaltens von Eisenbahninfrastrukturen mit Hilfe von Simulationsprogrammen. Stuttgart.

Martin, Ullrich; Schmidt, Christine; Li, Xiaojun; Treiber, Simon (2011b): PULEIV 2 Referenz, Version 2.1. Stuttgart.

Nachtigall, K.; Kaufhold, R. (2007): Co-operative Air Traffic Management - Aiport Centered Planning. Konferenzbeitrag zur AGIFORS Airline Operations Conference, (pp. 1 - 41). Denver, USA.

Nachtigall, K.; Opitz, J. (2014): Modelling and Solving a Train Path Assignment Model. In K. A. Lübbecke M. (Ed.), International Conference on Operations Research (pp. 423 - 428). Aachen: Springer.

Nachtigall, K.; Pöhle, D.; Noll, O. (2014): Ein innovatives Belegungsverfahren für den zukünftigen industrialisierten Fahrplanprozess. Eisenbahntechnische Rundschau(12), pp. 28-33.

Nachtigall, Karl (1998): Periodic Network Optimization and Fixed Interval Timetables. Habilitationsschrift, 1998 IB 112-99/02 (DLR). Universität Hildesheim.

Nachtigall, Karl; Opitz, Jens (2013): Abschlussbericht Optimierte Verknüpfung von Systemtrassen. Dresden.

Oetting, Andreas (Hg.) (2010): Automatic Timetable Modification for Entire Networks. Networks for mobility – 5th international symposium. Stuttgart.

Oetting, Andreas; Streitzig, Constanze (Hg.) (2017): A synchronous heuristic approach for the construction of train paths and assignment of trains for the timetabling of freight trains. RailLille2017 – 7th International Conference on Railway Operations Modelling and Analysis.

Opitz, Jens (2009): Automatische Erzeugung und Optimierung von Taktfahrplänen in Schienenverkehrsnetzen. Zugl.: Dresden, Tech. Univ., Diss, 2009. Wiesbaden: Gabler (Gabler Research Logistik, Mobilität und Verkehr). Online verfügbar unter http://dx.doi.org/10.1007/978-3-8349-8466-1.

Pachl, Jörn (2011): Systemtechnik des Schienenverkehrs. Bahnbetrieb planen, steuern und sichern. 6. Aufl.: Vieweg + Teubner Verlag.

Pöhle, D. (2015): Industrialisierung Fahrplanung im Güterverkehr. Vortrag Optimierung von Verkehrs- und Logistikprozessen. TU Dresden.

RailNetEurope (2016): RNE Guidelines for Corridor One-Stop Shops (C-OSSs) of European Rail Freight Corridors (RFCs) for managing Pre-arranged Paths (PaPs) and Reserve Capacity (RC). Version 1.0.

RFC North Sea - Med. (2018): EEIG Rail Freight Corridor, North Sea - Mediterranean - Corridor Information Document - Book 4 - Procedures for Capacity and Traffic Management for timetable. Retrieved 07 28, 2017, from http://www.rfc-northsea-med.eu/sites/rfc2.eu/files/rff/rfc_nsm_cid_book_4_tt2018_09_01_2017.pdf. Online verfügbar unter http://www.rfc-northsea-med.eu/sites/rfc2.eu/files/rff/rfc_nsm_cid_book_4_tt2018_09_01_2017.pd.

RMCon (2010): Handbuch RailSys 7.

Roos, Daniele (2016): Ermittlung des Zusammenhangs von Fahrzeitzuschlägen und dem Optimalen Leistungsbereich bei Leistungsuntersuchungen im Bahnbetrieb. Bachelorarbeit. Universität Stuttgart, Stuttgart. Institut für Eisenbahn- und Verkehrswesen.

Salma, Ozan (2016): Einfluss der Anordnung von Zeitzuschlägen im Fahrplan auf Ankunftsverspätung und Betriebsqualität. Bachelorarbeit. Universität Stuttgart, Stuttgart. Institut für Eisenbahn- und Verkehrswesen.

Schaer, T.; Heister, G.; Kuhnke, J.; Lindstedt, C.; Pomp, R.; Schill, T.;... Weber, W. (2006): Eisenbahnbetriebstechnologie. 1. Aufl. Heidelberg: Eisenbahn-Fachverl. (DB-Fachbuch).

Schlechte, Thomas (2012): Railway Track Allocation: Models and Algorithms. Dissertation. Technische Universität Berlin, Berlin.

Schmidt, Christine (2009): Beitrag zur experimentellen Bestimmung der Wartezeitfunktion bei Leistungsuntersuchungen im spurgeführten Verkehr. Dissertation. Universität Stuttgart, Stuttgart. Institut für Eisenbahn- und Verkehrswesen.

Schmitt, Anton (2013): Netzzugang. In: Lothar Fendrich und Wolfgang Fengler (Hg.): Handbuch Eisenbahninfrastruktur. 2., neu bearb. Aufl. Berlin, Heidelberg: Springer Vieweg, S. 985–1008.

Schmücker, B. (2016): Konstruktion und Belegung, Regulierungsrechtliche Erfordernisse an den Prozess und die Zielfunktion.

Sebayang, A. (2015): TAKT - Bahn will Fahrpläne in Echtzeit ausgeben. Golem, 1-3. Retrieved 06 29, 2017, from https://www.golem.de/news/takt-bahn-will-fahrplaene-in-echtzeit-ausgeben-1506-114718.html. Online verfügbar unter www.golem.de/news/takt-bahn-will-fahrplaene-in-echtzeit-ausgeben-1506-114718.htm.

Siefer, T.; Fangrat, S. (2012): Anordnung und Bewertung von Zeitzuschlägen im Rahmen des Projekts RePlan. In: *Eisenbahntechnische Rundschau ETR* 61 (1+2), 22ff.

Streizig, Constanze; Oetting, Andreas; Martin, Ullrich; Nachtigall, Karl (2016): Anforderungsgerechte Algorithmen zur effizienten marktgeeigneten Trassenbelegung. In: *ETR - Eisenbahntechnische Rundschau* 65 (7+8), S. 24–29.

Törnquist, Johanna (Hg.) (2006): Computer-based decision support for railway traffic scheduling and dispatching: A review of models and algorithms. 5th Workshop on Algorithmic Methods and Models for Optimization of Railways (ATMOS'05).

Weigand, Werner (2012a): Langfristfahrplan und Kapazitätsuntersuchungen. In: *Deine Bahn* 61 (5), 28ff.

Weigand, Werner (2012b): Von der Angebotsplanung über den Langfristfahrplan zur Weiterentwicklung der Infrastruktur. In: *Eisenbahntechnische Rundschau ETR* 61 (7+8), 18ff.

Weiß, R.; Großmann, P.; Labinsky, A.; Opitz, J. (2014): Integration und Optimierung von Schienengüterverkehrstrassen in bestehenden 24-Stunden-Fahrplänen unter Berücksichtigung der Netzkapazität. Vortrag auf den 24. Verkehrswissenschaftlichen Tagen. Dresden.

Weiß, R.; Opitz, J.; Dubrau, F. (2016): Analyse und Bewertung der Algorithmen zur hocheffizienten Belegung von angebotenen Trassen mit Nachfrage. 25. Verkehrswissenschaftliche Tage 2016, (pp. 1 - 10). Dresden.

Wendt, Henning (2012): Kapazitätsengpässe beim Netzzugang. Engpassmanagement, Ausbaupflichten und Engpassvermeidungsanreize im Energie-, Eisenbahn- und Telekommunikationsrecht. Zugl.:Hamburg, Bucerius Law School, Diss., 2011. Tübingen: Mohr Siebeck (Studien zum Regulierungsrecht, 4).

Zhu, Jingwen (2007): Die staatliche Infrastrukturgarantie für die als Wirtschaftsunternehmen geführten Eisenbahnen des Bundes in Deutschland. Zugleich eine rechtsvergleichende Gegenüberstellung zu dem Recht des Eisenbahnwesens in der Volksrepublik China. Zugl.: München, Univ., Diss., 2007. München: Utz (Rechtswissenschaftliche Forschung und Entwicklung, 754).

# Abkürzungsverzeichnis

| | |
|---|---|
| AEG | Allgemeine Eisenbahngesetze |
| AEUV | Vertrag über die Arbeitsweise der europäischen Union |
| ATRANS | Anforderungsgerechte Trassenstrukturen und deren Belegung im Netz von Schienenbahnen |
| B-BFQ | Belegung-Beförderungszeitquotient |
| BFQ | Beförderungszeitquotienten |
| DBGrG | Deutsche Bahn Gründungsgesetz |
| EG | Europäische Gemeinschaft |
| EIBV | Eisenbahninfrastruktur-Benutzungsverordnung |
| ERegG | Eisenbahnregulierungsgesetz |
| EU | Europäische Union |
| EWG | Europäische Wirtschaftsgemeinschaft |
| EWSG | Gesetz zur Stärkung des Wettbewerbs im Eisenbahnbereich |
| GG | Grundgesetz |
| ITF | Integraler Taktfahrplan |
| KE | Konflikterkennung |
| KL | Konfliktlösung |
| LP | Lineares Programm |
| OLB | Optimaler Leistungsbereich |
| OpSysTra | Software: Optimierte Systemtrassen |
| PULEIV | Software zur praxisorientierten Bestimmung des Leistungsverhaltens von Eisenbahninfrastrukturen |
| T-BFQ | Trassen-Beförderungszeitquotient |
| Tfz | Triebfahrzeugführer |

UIC             Internationale Eisenbahnverband

# Formelverzeichnis

$b$ — Basis der negativen Exponentialfunktion, wird aus mittleren Fahrzeit und Eingangsverspätung bestimmt

$B_i$ — Trassenbündel $i$

$C$ — Kombinationskonflikt = Menge von Trassen, die Teiltrassen gemeinsam nutzen

$\mathcal{C}$ — Menge von Kombinationskonflikten

$c_e^{max}$ — Maximale akzeptable Kosten der Nachfrage in der Einheit BFQ

$c_{(T,e)}$ — Kosten der Trasse $T$ zur Befriedigung der Nachfrage $e$ in der Einheit BFQ

$e$ — Nachfrage nach Einzelzug

$E$ — Menge aller Nachfragen

$f(x,y)$ — Zielfunktion (Summe aus Pufferzeit und Zeitzuschlägen)

$Fz_{tech}$ — Technisch mindeste Fahrzeit der Züge innerhalb des Trassenbündels

$g(x,y)$ — Modellfunktion der Verspätungskoeffizienten

$h(y)$ — Grenzwert des Verspätungskoeffizienten (abhängig von Zeitzuschlägen)

$I_1$ — Eingang der Bestellungen für den Netzfahrplan (Dauer: mindestens ein Monat)

$I_2$ — Bearbeitung der Anfragen des Netzfahrplans

$I_3$ — Möglichkeit zur Stellungnahme (Dauer: mindestens ein Monat)

$I_4$ — Bearbeitung der Einwände (Dauer: festzulegende Frist)

$I_5$ — Annahme oder Ablehnung (Dauer: maximal 5 Werktage)

$k$ — Kapazität der Wartegleise

$P_e$ — Menge der idealen Trassen

| | |
|---|---|
| $T$ | Potentielle Trasse für eine Nachfrage |
| $\mathcal{T}$ | Menge aller Trassen |
| $T_1$ | Vorläufige, grenzüberschreitende Trassen (mindestens 11 Monate vor $T_5$) |
| $T_2$ | Eingang der Bestellungen für den Gelegenheitsverkehr |
| $T_3$ | Provisorischer Netzfahrplanentwurf (spätestens 4 Monate nach $I_1$) |
| $T_4$ | Endgültiger Netzfahrplanentwurf/Angebotsabgabe/Bearbeitung Gelegenheitsverkehr |
| $T_5$ | Beginn des Netzfahrplans (2. Samstag im Dezember um 24:00 Uhr) |
| $t_{gst}$ | Gesamtes Zeitbudget |
| $tk_i$ | Störungsbedingter Konflikt von Zug $i$ |
| $t_{min}$ | Minimaler Zeitverbrauch (bei verketteter Belegung) |
| $t_{res}$ | Zeitreserve ($t_{gst} - t_{\min}$) |
| $tS_i$ | Vordefinierte empirische oder statische Störungen des Zugs $i$ (gemäß Zugeigenschaften) |
| $V_{i,j}$ | Verspätungskoeffizient für Fahrplan $i,j$ |
| $vsp_{ur}$ | Mittlere Eingangsverspätung der betrachteten Züge |
| $V_{Ziel}$ | Grenzwert der Verspätungskoeffizienten für eine definierte einzuhaltende Betriebsqualität |
| $W$ | Kapazitätsrestriktionen für Wartegleise |
| $\mathcal{W}$ | Menge aller Kapazitätsrestriktionen für Wartegleise |
| $x$ | Pufferzeit |
| $y$ | Zeitzuschlag |
| $Z$ | Zielfunktionswert |
| $Z_i$ | Zugfahrt $i$ |

| | |
|---|---|
| $Z_i'$ | Neue Zuglage des behinderten Zugs $i$ |
| $\Delta_C$ | Änderung der Anzahl der zu Verfügung stehenden Systemtrassen |
| $\Delta_k$ | Änderung der Anzahl der Wartegleise |
| $\xi_C$ | Schattenpreis von $C$ |
| $\xi_e$ | Schattenpreis von $e$ |
| $\xi_{ij}$ | Schattenpreis der Relation ij |
| $\xi_W$ | Schattenpreis von $W$ |